高等院校设计学通用教材

空 间 设 计

窦小敏 编 著

U0228527

清華大学出版社
北 京

图书在版编目（CIP）数据

空间设计 / 窦小敏编著 . —北京：清华大学出版社，2021.4
高等院校设计学通用教材
ISBN 978-7-302-57461-3

Ⅰ . ①空⋯　Ⅱ . ①窦⋯　Ⅲ . ①空间 – 建筑设计 – 高等学校 – 教材　Ⅳ . ① TU204

中国版本图书馆 CIP 数据核字（2021）第 022727 号

责任编辑： 纪海虹
封面设计： 曾盛旗　代福平
责任校对： 王荣静
责任印制： 杨　艳

出版发行： 清华大学出版社
　　　　　网　　　址：http://www.tup.com.cn, http://www.wqbook.com
　　　　　地　　　址：北京清华大学学研大厦 A 座　　　　　邮　　编：100084
　　　　　社 总 机：010-62770175　　　　　　　　　　　邮　　购：010-62786544
　　　　　投稿与读者服务：010-62776969, c-service@tup.tsinghua.edu.cn
　　　　　质量反馈：010-62772015, zhiliang@tup.tsinghua.edu.cn
印 装 者： 小森印刷（北京）有限公司
经　　销： 全国新华书店
开　　本： 185mm × 260mm　　　**印　张：** 10.5　　　**字　数：** 266 千字
版　　次： 2021 年 6 月第 1 版　　　　　　　　　　　**印　次：** 2021 年 6 月第1次印刷
定　　价： 68.00 元

产品编号：088882–01

总序一

2011年4月,国务院学位委员会发布了《学位授予和人才培养学科目录(2011年)》,设计学升列为一级学科。设计学不复使用"艺术设计"(本科专业目录曾用)和"设计艺术学"(研究生专业目录曾用)这样的名称,而直接就是"设计学"。这是设计学科一次重要的变革。从工艺美术到设计艺术(或艺术设计),再到设计学,学科名称的变化反映了人们对这门学科认识的深化。设计学成为一级学科,意味着中国设计领域的很多学术前辈期盼的"构建设计学"之路开始真正起步。

事实上,在今天,设计学已经从有相对完整教学体系的应用造型艺术学科发展成与商学、工学、社会学、心理学等多个学科紧密关联的交叉学科。设计教育也面临着新的转型。一方面,学科原有的造型艺术知识体系应不断反思和完善;另一方面,其他学科的知识也陆续进入了设计学的视野,或者说其他学科也拥有了设计学的视野。这个视野,用赫伯特·西蒙(Herbert Simon)的话说就是:"凡是以将现实形态改变成理想形态为目标而构想行动方案的人都是在做设计。生产物质性的人工制品的智力活动与为病人开药方、为公司制订新销售计划或为国家制订社会福利政策等这些智力活动并无本质上的不同。"(everyone designs who devises courses of action aimed at changing existing situations into preferred ones. The intellectual activity that produces material artifacts is no different fundamentally from the one that prescribes remedies for a sick patient or the one that devises a new sale plan for a company or a social welfare policy for a state.)

江南大学的设计学学科自1960年成立以来,积极推动中国现代设计教育改革,曾三次获国家教学成果奖,并在国内率先实施"艺工结合"的设计教育理念,提出"全面改革设计教育体系,培养设计创新人才",实施"跨学科交叉"的设计教育模式。从2012年开始,举办"设计教育再设计"系列国际会议,积极倡导"大设计"教育理念,将国内设计教育改革同国际前沿发展融为一体,推动设计教育改革进入新阶段。

在教学改革实践中,教材建设非常重要。本系列教材丛书由江南大学设计学院组织编写。丛书既包括设计通识教材,也包括设计专业教材;既注重课程的历史特色积累,也力求反映课程改革的新思路。

当然,教材的作用不应只是提供知识,还要能促进反思。学习做设计,也是在学习做人。这里的"做人",不是道德层面的,而是指发挥出人有别于动物的主动认识、主动反思、独立判断、合理决策的能力。虽说这些都应该是人的基本素质,但是在应试教育体制下,做起来却又那么难。因此,请读者带着反思和批判的眼光来阅读这套丛书。

清华大学出版社的甘莉老师、纪海虹老师为这套丛书的问世付出了热忱、睿智、辛勤的劳动,在此深表感谢!

高等院校设计学通用教材丛书编委会主任
江南大学设计学院院长、教授、博士生导师

辛向阳
2014年5月1日

总序二

中国设计教育改革伴随着国家改革开放的大潮奔涌前进，日益融合国际设计教育的前沿视野，汇入人类设计文化创新的海洋。

我从无锡轻工业学院造型系（现在的江南大学设计学院）毕业留校任教，至今已有40年，经历了中国设计教育改革的波澜壮阔和设计学学科发展的推陈出新，深深感到设计学学科的魅力在于它将人的生活理想和实现方式紧密结合起来，不断推动人类生活方式的进步。因此，这门学科的特点就是面向生活的开放性、交叉性和创新性。

与设计学学科的这种特点相适应，设计学学科的教材建设就体现为一种不断反思和超越的过程。一方面，要不断地反思过去的生活理想，反思曾经遇到的问题，反思已有的设计理论，反思已有的设计实践；另一方面，要不断将生活中的新理想、现实中的新问题、设计中的新思考、实践中的新成果吸纳进来，实现对设计学已有知识的超越。

因此，设计教材所应该提供的，与其说是相对固定的设计知识点，不如说是变化着的设计问题和思考。这就要求教材的编写者花费很大的脑力劳动才能收到实效，才能编写出反映时代精神的有价值的教材。这也是丛书编委会主任委员辛向阳教授和我对这套教材的作者提出的诚恳希望。

这套教材命名为"高等院校设计学通用教材"，意在强调一个目标，即书中内容对设计人才培养的普遍有效性。因此，从专业分类角度看，这套教材适用于设计学各专业；从人才培养类型角度看，也适用于本科、专科和各类设计培训。

这套教材的作者主要是来自江南大学设计学院的教师和校友。他们发扬江南大学设计教育改革的优良传统，在设计教学、科研和社会服务方面各显特色，积累了丰富的成果。相信有了作者的高质量脑力劳动，读者是会开卷有益的。

清华大学出版社的甘莉老师是这套教材最初的策划人和推动者，责编纪海虹老师在丛书从选题到出版的整个过程中付出了细致艰辛的劳动。在此向这两位致力于推进中国设计教育改革的出版界专家致以诚挚的敬意和深深的感谢！

书中的错误，恳望读者不吝指出。谢谢！

高等院校设计学通用教材丛书编委会副主任委员
江南大学设计学院教授、教学督导
无锡太湖学院艺术学院院长

陈新华
2014 年 7 月 1 日

目　录

第1章 绪论

空间教学的目的，概括起来大约有三个方面：让设计成为一种思考和研究的过程；引导学生善于编排和组织空间资源，并且有能力通过造型和空间感知的表达与传递，创造性地体现其社会及文化认知；设计师的能力教育。

这可能是关于空间最早的哲学论述：

"三十辐共一毂，当其无，有车之用。埏埴以为器，当其无，有器之用。凿户牖以为室，当其无，有室之用。故有之以为利，无之以为用（老子《道德经》）[1][2]。其用意就在于强调建筑对人来说，具有使用价值的不是空间实体的壳，而是空间本身。

空间问题是建筑设计及相关设计领域的根本问题。现下当代建筑及建筑理论的发展与变化，使得空间本身的价值得以显著提升，如何构筑空间，如何选择合适的语言表达空间也随之成为人们关注的重点。同时，以空间为内容的教学也成为建筑教育的基础与核心部分，成为环境设计（包括景观设计、室内设计）、城市规划设计、园林设计、舞台及影视美术设计等专业教学的重要部分，乃至与其他各门类视觉艺术、艺术设计都形成越来越密切的联系。空间教学具有素质教育的特点，空间的创造性训练与理解具有人类认识事物和理解事物客观规律的基本特点。

作为一本基础教材，本书在结构上以教材的学术性、系统性为基础，综合了工具书的功能性与实用性。编者希望本书能够有助于初学者了解过往使用和研究过的空间设计手法，也期待本书能为那些要考察、发现并发展空间设计手法的读者提供一些帮助。

（1）本书注重对基础理论、创新思维与实践操作的综合能力培养和引导，通过改变教学视角，扩大读者的视野，来完善环境设计专业的科学应用体系。

（2）本书剖析了若干中外著名实例，使之更具实用性和参考性，可以作为教学参考资料供建筑学、设计学专业的教师和本科生、研究生以及相关从业人员使用，亦可以作为大学通识课程的阅读材料。

[1] 埏埴（shān zhí）：埏，以土和泥，揉和。埴，黏土。用水和黏土揉成可制器皿的泥坯。

[2] 户：门；牖（yǒu）：窗户。语出：老子《道德经》第十一章。以土和泥制作陶器，有了器具中空的地方，才有器皿的作用。开凿门窗建造房屋，有了门窗四壁内的空虚部分，才有房屋的作用。所以，"有"给人便利，"无"发挥了它的作用。

（3）本书精心筛选了推荐阅读书目，有助于读者拓展知识领域。

（4）本书对于案例的解读与设计方法均提出了自己的观点，希望可以借此引起读者的思考与讨论。

（5）本书提出空间设计的诸多可能性，并拟对每个设计手法或实例做出详尽的说明。

（6）本书收录了江南大学设计学院环境设计系近年来的一些优秀学生作品，为设计教学提供了一个交流平台。

1.1 空间设计课程背景

中国地域辽阔，国土约占世界陆地总面积的 1/15，自北而南跨越 6 个不同的气候带；中国多山，山地约占国土总面积的 2/3；中国多河、湖，大小河流总计 51600 余条；中国还是世界上植物种属最多的国家，全国植物共计 27150 种，其中 190 属为中国所独有；中国的气候普遍为大陆性但也兼具海洋性的特点，变化情况十分复杂。这些自然条件对植物生长、农业耕作极为有利，中国因而逐渐成为农业经济繁荣发达地区，也是自然生态最好、最适宜开拓人居环境的地理空间之一。另外，由 56 个民族组成、以汉族为主体的中华民族大家庭，几千年来就繁衍生息在这片辽阔的土地上，在漫长的、不间断的发展过程中留下了许多建筑、园林、村落等历史空间，形成了世界上独树一帜的人文环境空间体系。然而，随着日益加快的城市化进程，在大规模的城市改造和建设中，城市忽视了自身的传统而导致城市面貌趋同、差异性消退，出现"千城一面"的局面，从而使城市形象面临着缺少文化与认同感以及毫无地域特征等严重问题。这种既是物质上、也是文化上的"特色危机"，使人们意识到：在重塑城市形象的过程中，建筑、景观等空间设计是保持城市特色、延续城市历史文化的关键因素（图 1-1）。1999 年国际建协第 20 届大会通过的《北京宪章》明确指出："建筑学与大千世界的辩证关系，归根结底，集中于建筑的空间与形式的创造。"

图 1-1 环境设计学科中包含的各类空间

1.2 空间设计课程简介

1.2.1 课程性质与目的

空间设计课程综合了艺术类学生的审美、手绘、摄影与观察生活的能力，以及建筑制图、模型制作与图形软件运用等知识，具有理论联系实际的特点。通过本课程的学习，使学生树立空间观念，理解环境设计专业涉及的空间范围、"空间感""空间流"与"空间场"的基本概念，了解空间设计的最新前沿动态，以及影响空间感觉的各种因素，培养学生用三维方式进行空间设计的能力（图 1-2）。

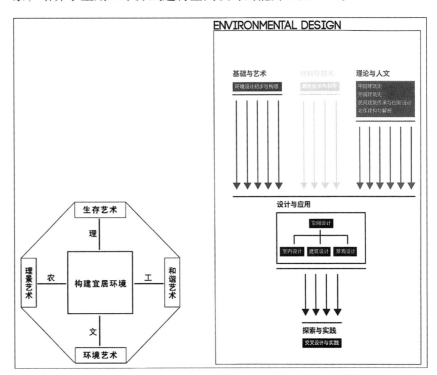

图 1-2　四大学科门类对于空间的界定

1.2.2 课程培养目标

通过本课程的学习，学生应具备的素质以及应掌握的技能、知识和能力包括以下几点。

（1）理解空间的基本概念及其环境设计专业涉及的空间设计范围。

（2）熟练掌握构成单一空间的基本要素、组合空间的组织方式等形式要素对空间设计的主导作用。

（3）了解光、色、质等物质要素对空间感觉的影响。

1.2.3 课程教学基本内容

1. 理论环节

课程理论教学时间为40课时，基本内容应尽量详细完整，一般按章节、单元叙述为宜；说明每章的教学要求，即应使学生掌握知识、技能的程度，包括熟练掌握、理解、明确每章节内容用于培养学生的何种能力。

2. 实践环节

（1）在课程理论授课后，时间为16课时。

（2）由任课教师组织学生以分组形式，通过对课题设计调研的方式对相关空间进行考查，理出设计方向和思路，了解空间设计基本理论和设计方法。

（3）根据教学要求完成系列空间设计与模型制作，注重版面设计和方案表达。

（4）实践活动结束后，学生应撰写调研报告，并进行课堂交流，交由任课教师给出考核成绩。

3. 其他需要说明的事项

要求学生具备一定的模型制作、版式设计能力，以及较强的手绘能力和审美能力。

1.2.4 课程设计要求

注意设计方法的学习，力求运用正确的思维方法指导设计；严格按教学进度要求逐步深化设计内容；提高方案研究中草图、工作模型的动手能力；绘图严谨、图面效果整洁美观。

1.2.5 课程考核方式

该课程为考查课，课程成绩评定方式为五级制（优秀、良好、中等、及格、不及格）。考核方式采用由4个子题目构成4套作业的方式完成，成绩评定为课堂考勤与学习态度30%，作业70%（综合构思能力30%、草图表达能力15%、模型制作能力15%、版面表现能力10%，每套作业各占1/4比重）。

1.2.6 课程评价体系

空间设计教学更注重分析思考与空间操作，设计过程的重要性不言而喻。因此，作业成果的评价由设计过程和设计成果两方面组成，但比以往更加偏重设计过程。方案讨论、阶段性答辩、模型制作等内容均包含在设计过程考评中。对于分阶段的课程设计而言，过程控制显得尤为重要，应避免学生进入"重表达、轻过程"的误区。

1.3 课程准备

想要学好这门课，必须要聚焦前沿科学研究成果，拓展理论读物，持续"刷新"知识体系，追踪国内外最新研究动态和设计热点，自觉进行知识更新（图1-3）。

图1-3 课程参考读物

1.3.1 工具书

自学部分的内容与要求：至少阅读参考教材1部。

1.3.2 各类杂志

1.《新建筑》自1925年初创刊以来，一直与建筑师、业主、建筑学学生以及业内同仁相互依托，传递建筑资讯。随着时间的迁移，《新建筑》形成了独特的视角，传递着传播建筑界的新思想、新设计。

2.《BAUMEISTER》代表着复杂的建筑师工作环境，并充分展现了建筑的情感与魅力、最激动人心的建筑项目、出色的室内设计和设计创新，以及与业内最重要的人物访谈。

3.《FRAME》是全球顶尖的以室内设计、空间设计为主，横跨产品设计、家居设计、材料设计、时尚设计等多种设计领域的综合设计媒介。《FRAME》在每一期的内容创作上都力图呈现对未来空间设计走向和创新走向最具启发性、探索性的设计案例，以及设计理念和工作方法。

4.《SPACE》是一本建筑月刊，该刊物于1966年首次出版，从那时起，它一直是报道韩国文化艺术景观的先锋。该杂志不仅介绍建筑，还介绍各种美术领域的文化与艺术活动。

5.《ARCHITECT》是 AIA 的官方媒体品牌，为顶级建筑专业人士提供有关建筑设计、技术和业务的内容丰富且富有灵感的社论。

6.《ARCHITECTURAL RECORD》是美国著名建筑杂志，专为建筑师而编辑。其内容包括建筑科技、新闻、重要信息的研讨，以及如何设计并表现出完美的建筑风格标准等，是从事建筑师、工程师和其他专业设计师工作必备的期刊。

1.3.3 网络资源

（1）ABBS 建筑论坛：http://www.abbs.com.cn/
（2）FAR2000 自由建筑报道：http://www.far2000.cn/
（3）传播世界建筑：https://www.archdaily.cn/
（4）TED：https://www.ted.com/

第2章　认知空间

> 空间，是一个非常大的话题，它庞杂而综合，抽象却又具体。空间，连续不断地包围着我们。通过空间的容积，我们进行活动、观察形体、听到声音、感受清风，闻到百花盛开的芳香。
>
> 空间既抽象又具体。空间的存在就其社会关系性而言是一种抽象，但就其现实的存在物而言又是一种具体。在对任何建筑本身下定义之前都应该先分析与阐述空间概念。
>
> ——列斐伏尔 (Henri Lefebvre)[1]，1974

2.1　概说

"空间"一词源自日语 KūKan，是英语"space"的音译。"space"一词源于拉丁文"spatium"，它不仅是人们描述位置和体会虚空的经验，也是一个传统的哲学命题。《辞海》中把"空间"解释为："在哲学上，与'时间'一起构成运动着的物质存在的两种基本形式。空间指物质存在的广延性；时间指物质运动过程的持续性和顺序性。空间和时间具有客观性，同运动着的物质不可分割……"[2]《词源》中对"空"的解释主要是虚空、虚无、空旷、向四面八方延展以及可容纳其他之意。《管子·五辅》："仓廪实而囹圄空。"仓廪是实的，而监狱是空的；"罄尽，空其所有。"所以"空"的解释是从"虚而无物"延伸而来，是一种虚无并具有包容性的存在形态，可以容纳其他，又可以向四方做无限的延伸扩展。不同于西方明确的主客体意识，中国的空间哲学是同宇宙观、同"气"与"气化"紧密地联系在一起的。刘禹锡[3]在《天论》中说："空者，形之希微者也。"王夫之在《论气》中云："凡虚空皆气也，聚则显，显则人谓之有，散则隐，隐则人谓之无。"中国古人认为空间并不是指什么都没有，而是指物质广延性的存在形式，整个空间都充满着生生之气。

空间经验是复杂的，事物的位置、处所的经验与虚空状态的经验，以及物体形制上的差异所形成的经验都属于空间经验的范畴，所以导致空间概念具有多义性。人类对空间的认识是建立在对外在世界客观存在的感知上。如果没有可以被感知的、存在的物体，空间将不存在。一切事物都毫无例外地以空间表现出来。对象的形状、大小和彼此间的关系，都在空间得到确定。同时，人的知觉与人的生理、心理互为

[1] 列斐伏尔 (Henri Lefebvre)，是一位和世纪初的现代法国思想大师，在其60多年的创作生涯中，为后人留下了60多部著作、300余篇论文这样一笔丰厚的精神遗产，是西方学界公认的"日常生活批判理论之父""现代法国辩证法之父"，区域社会学、特别是城市社会学理论的重要奠基人。

[2] 辞海在线查询-辞海之家：http://www.cihai123.com/cidian/1062098.html。

[3] 刘禹锡，字梦得，唐朝时期文学家、哲学家，有"诗豪"之称。

关联，心理的干扰可以对物体形态和空间的感觉产生偏差。所以，可以说在认识空间、感受空间的过程中，可视物体的存在和人的意识是两个基本的因素。

因此，人类从最初的定位开始便获得一种空间经验，并随着这种经验的不断积累，形成多种空间经验，然后又在各种空间经验的基础上形成多种空间概念。空间从来就不是空洞的，它往往蕴涵着某种意义。亚里士多德（Aristotélēs）[4] 在《物理学》第四章中说："空间看来乃是某种很强大又很难把握的东西。"确实如此，可以说空间是万物存在的基本形式，是物质存在的广延性和并存的秩序。若要对空间问题寻根问底，就有必要深入了解空间与时间、运动、物质，以及人之间的各种关系，并把这些关系统一在"空间概念"之中。我们该如何认识和理解我们所体验的空间，它是如何产生的，又有哪些特性？亨利·勒菲弗（Henri Lefebvre）[5] 在其著作《空间的生产》（*The Production of Space*）一书中指出：我们并不能体验和思考我们所体验的。他认为空间的概念并不存在于空间的自身中，因为理性与经验之间总是存在着矛盾，要解决这个矛盾的唯一方法就是从对客观对象自身的研究转向对发展过程的关注。所以，要把对空间本身的思考转向对空间的产生、发展和形成过程的关注。

2.2   关于空间的诸家演说

希腊哲学家中如原子论派认为，空的空间是说明运动的必然。柏拉图（Plato，Πλατών）[6] 在《蒂迈欧篇》中把空间称之为"一切被创造的、可见的或用各种方法可感知的东西的母亲和容器"。在他看来，空间就像外部世界，是一个空的存在，像物体一样可以把握。没有物体时，空间照样存在，就像一个空的、不定的容器。建立在牛顿和爱因斯坦物理学基础上的抽象空间，亦是一种客观存在，它被描述为具有连续的、无限的、均质的三维或四维属性。

近代哲学家以伊曼努尔·康德（I. Kant）[7] 为例，认为空间与时间一样，均是主体在认知外在感性事物时的形式，康德将空间称为认知主体的"感性直观形式"。即空间观念原本不是经验的，在空间中感觉到空间是预设的。空间是先在的必然，因为即使主体人可以想象空间无物存在，也不能说空间不存在。空间是一种直观形式，在其中包括某些特殊的空间，故而空间代表无限大（由几何学可以推知）。总之，空间是感性的主观状况，由此才可能有外在知觉。康德转而论述空间是主体的认知形式。故当人在认知一对象是"在我的左边"时，这命题不能被解释为这对象与我同时并存于一个空间中，由于二者之间的位

[4] 亚里士多德（Aristotélēs），世界古代史上伟大的哲学家、科学家和教育家之一。

[5] 亨利·勒菲弗（Henri Lefebvre），法国社会学家、哲学家，新马克思主义代表人物。

[6] 柏拉图（Plato，Πλατών），古希腊伟大的哲学家，也是整个西方文化最伟大的哲学家和思想家之一。

[7] 伊曼努尔·康德（Immanuel Kant），德国作家和古典哲学创始人。

置不同，所以才有相对的或方向的关系出现。依照康德的说法：因为认知主体原本就具有空间认知形式，所以能把对象标示为"在我的左边"。这是因为外在事物在未经主体认知活动之前，原本是混沌且未经整理的。数学及自然科学则是认知主体将这些混杂事物秩序化的结果。依此，为说明数学知识如何可能的问题，康德将空间视为主体的认知能力。其是认知主体的感性直观形式，与康德强调的主体主动性有关。[8]

康德的说法在其以后的哲学家中引起广泛讨论。马丁·海德格尔（Martin Heidegger）[9] 即以"存有论"的观点批评康德的主张并不是对空间概念最原初的解释。海德格尔认为，"此有"（Dasein，即指人）的存有不断地显示着周遭世界。亦即"此有"不断地以某些事去完成另一些事。依此，空间概念在此时才是最原初地被释放出来。如当人想要找铁锤打铁钉把门固定时，此时这些事物的关系即形成一周遭世界。但当人手中没有铁钉时，就会指向工具箱，并构想箱子大约在房间中的位置，比如，在门后或在床下，这时"此有"所产生的指向（Ausrichten，或对准某物）作用，即开展出最原初的空间概念。依此，空间原初的概念是以隐约或模糊的方向形式显现的。当"此有"想脱离这模糊的状态并具体地去开展事物所在位置时，具体或精确的方向才会呈现。此时才会有"左边""右边""前方20公尺处"等空间标示的情况发生。

在18世纪之前，古典主义建筑师们并不关心"空间"，而只热心于建筑构图。直至黑格尔（G.W.F. Hegel）[10]，这位19世纪初在康德客观唯心主义哲学基础上进一步探索并发扬光大的德国古典主义哲学集大成者，最早地把建筑空间的概念提出来并运用到对现代建筑美学意义的分析上。在其19世纪20年代的讲义中，他谈道：哥特式教堂是"必要的精神生活的集中，它因而将自身关进空间的关系之中"，建筑物是"限制和围合"的空间。

黑格尔认为，建筑艺术是一种象征性艺术。他的美学观将人类艺术的发展视为三个阶段的递进体系：首先是象征型艺术发展时期；然后经由古典型艺术时期的洗礼；最后进入极盛的浪漫型艺术时期。同时，浪漫型艺术也意味着艺术开始衰落，最终艺术精神将归于宗教与哲学。在黑格尔哲学美学体系中，建筑被视为艺术的起源，在对建筑美学进行了专门的研究后，他主张这样的认知：建筑表现了象征型艺术的原则，属于象征型艺术形式。"因为建筑一般只能用外在环境中的东西去暗示移植到它里面去的意义"，黑格尔将建筑本身的意义看成其"绝对精神"。"绝对精神"被他形容为打开建筑结构秘密，探索建筑形式意义的唯一钥匙。黑格尔客观唯心主义的精神辩证法认为，在艺术中通过直观形式认识自己的是绝对精神，艺术是绝对精神的感性显现

[8] 辞书："空间"是什么。

[9] 马丁·海德格尔（Martin Heidegger），德国哲学家。

[10] 格奥尔格·威廉·弗里德里希·黑格尔（Georg Wilhelm Friedrich Hegel），德国19世纪唯心论哲学的代表人物之一。

阶段，是绝对精神实现、回复、认识自己的最初一个环节。可以看出，黑格尔提到的空间与现代建筑所谓的空间是有明显区别的。黑格尔所谈的空间依附于建筑而存在，他对空间的阐释，实际上即是对建筑整体的阐释，最终目的是要求证其美学核心："美就是理性的感性显现。"与其这样说"建筑物是'限制和围合'的空间"，也许"建筑物是精神生活的物化之物，'限制和围合'的各个房间是大众精神生活意义显现的载体"的提法更接近他的本意。

黑格尔哲学思想影响的结果正如佩夫斯纳（Antoine Pevsner）[11]等在书中的描述一般，将真实的建筑史误导为"艺术家的风格史"，将西欧建筑的历史处理成"一部主要是空间表达的历史"；忽视了设计师如何运作、如何作决定，人们又如何体验和使用这些建筑等的讨论。脱离语境谈历史，应该是黑格尔系思想的学者们的通病。

总括近代对空间的概念，一是认为空间是真实的，独立于人类主体和物体之外；二是认为空间概念纯属主观，由观感而得到个别印象；三是空间虽为主观，同时也是客观的，因为知觉来自于物和物之间的关系。空间概念的特质是：

（1）对所有的物都相同，如果一物可以移动，则所有的物都可移动。

（2）可作三度无限延展。

（3）不限于位置和方向，即可以变换位置和方向。

（4）一致而对应，即两平行线在空间永不交集或分散。

2.3　空间的定义

2.3.1　什么是空间

"空间"是指"可见或可想象的、与物体内外共存，有三度连续、无限而可分的广袤"。[12]

"空间"一词进入建筑学领域并成为其真正核心是在现代建筑开始成形之际，1893 年德国人奥古斯特·施马索夫在一篇标题为"建筑创作的核心"（The Essence of Architectural Creation）的演讲中，提出以"空间"一词作为建筑设计创作的核心。德国建筑理论家戈特弗里德·森佩尔提出"围合"（Enclosure）概念，将空间围合作为建筑的基本动机和属性，在其 1852 年的《建筑四要素》中，森佩尔突出强调建筑的围合要素——墙体。他的观点间接影响了施马索夫的建筑艺术理论发展，直接影响了当时一批实践建筑师，如维也纳建筑师阿道夫·路斯、荷兰建筑师贝尔拉格和德国建筑师彼得·贝伦斯。"围合"概念更多地保留了空间的物质性基础，之后将其物质属性打破，出现"连续"空间并体现建筑"空间性"的建筑师为美国的弗兰克·劳埃德·赖特。他

[11] 佩夫斯纳（Antoine Pevsner），构成主义艺术家。

[12]《辞典》修订版：空间的定义。

的建筑实践预示着一种新建筑空间的出现。根据阿德里安·福蒂在《现代建筑词汇》一书中的详细总结,对空间概念的解释大致分为以下几类。

（1）空间作为一种"围合体",源于森佩尔的传统,经贝尔拉格和贝伦斯的发展,已较多为当时一般建筑师所接受,并且被路斯发展为他所称的"容积设计"（Raumplan）。

（2）空间作为一种"连续体",是当时的建筑理论界对空间问题达成新的认识,以风格派和包豪斯的李西斯基与莫霍利·纳吉为代表,强调内外空间的连续和无限延伸。

（3）空间作为"身体的延伸",在建筑界是一种特殊的理解。由身体在某一体量中想象性地延伸而感知其空间,这源自施马索夫的理论。包豪斯的教师齐格费里德·埃柏林进一步将空间视为人与外部世界之间的一层"膜",一种随生理感觉而连续作用的场。

（4）随着"国际式"风格席卷全球,现代主义的空间概念又被赋予抽象的、均质的以及通用的特征。之后的后现代主义结合各种新技术为空间重新恢复其丰富含义和双重特征。

2.3.2　空间概念的演变

1. 中国空间概念的发展

中国古代的哲学主要由儒、道、佛三种思想体系构成。在对于空间的认识上,三种哲学流派具有类似的认识,即"空间是两种对立力量和谐而又动态地共存的统一体,它们相互依存、相互作用、相互促进和相互转化"。《易经》是中国古代哲学的重要著作,其"阴阳学说"为中国传统的空间概念奠定了根本性哲学基础。儒家哲学崇尚的是"中庸之道",以中立不倚的哲学态度来看待事物,以对立统一的思想理解虚实的空间转换。道家思想的代表人老子在《道德经》中生动地阐述了其对于空间的认识:"埏埴以为器,当其无,有器之用。凿户牖以为室,当其无,有室之用。故有之以为利,无之以为用。"

在古代中国,人们将天地宇宙看成一个有"宇"做屋顶、有"宙"做梁栋的"大房子",在这所"大房子"的庇护之下人们安居生活。王夫之[13]《思问录·内篇》有言:"上天下地曰宇,往古来今曰宙。虽然,莫之为郛郭也。惟有郛郭者,则旁有质而中无实。谓之空洞可也,宇宙其如是哉! 宇宙者,积而成乎久大者也。"这里"郛郭"即为建筑,建筑即是宇宙。宇宙就是"旁有质而中无实"的"空洞",也就是"空间"。

中国对建筑空间的注意首先发端于美学。宗白华[14]提出的建筑空间概念与西方现代主义建筑创立新的空间概念的时间大体同步。在宗白华的诸多探索和研究性论文中表现出了对诗词、书法、绘画、建筑艺术中所存在的空间意识的重视。他提出空间是建筑艺术的首要品质,并从

[13] 王夫之,字而农,号姜斋,又号夕堂,他与顾炎武、黄宗羲并称"明清之际三大思想家"。

[14] 宗白华,本名之櫆,字白华、伯华,中国现代新道家代表人物、哲学家、美学大师、诗人,南大哲学系代表人物。

空间这一视角把建筑艺术定义为："建筑为自由空间中隔出若干小空间又联络若干小空间而成一大空间之艺术。"他认为在美术史上，建筑与人类的关系是极为密切的。建筑是在自然空间中划分出的若干小空间，并通过各种方式将这些若干小空间融为大空间，所以建筑是制造空间的艺术。在宗白华的空间学说中，不仅对中国艺术中的空间意识进行了研究，还对中西方艺术中所体现出的空间意识做了比较。他认为，中国园林建筑艺术所表现的空间美感是具有民族特点的，与西方建筑有很大的不同。"古希腊人对于宇宙四周的自然风景似乎还没有发现，他们多半把建筑本身孤立起来欣赏。古代中国人就不同，他们总要通过建筑物，通过门窗，接触外面的大自然。'窗含西岭千秋雪，门泊东吴万里船'。诗人从一个小房间通过千秋之雪、万里之船，也就是从一门一窗体会到无限的空间。小中见大，从小空间进到大空间，丰富了美的感觉。外国的教堂无论多么雄伟也总是有局限性的，但我们看天坛那个祭天的台，这个台面对着的不是屋顶，而是一片虚空的天穹，也就是以整个宇宙作为自己的庙宇，这是和西方很不相同的。"在西方的空间理论中，空间是与科学技术紧密相关的。而宗白华将空间与人和自然相联系，所以他对建筑空间的论述与那些建构在空间几何形体和实用功能的西方建筑理论有很大的区别。这种对建筑空间的认识是植根于宗白华"生命本体论"观点的。宗白华认为，建筑是创造空间的艺术，最初的目的为"应用"，由此表现其"理想"。空间的深层意义在于表达"生命的节奏"。

在 20 世纪初期，老子的空间概念被著名建筑师赖特所推崇，使其在世界建筑领域中具有极其重要的地位。随着佛教在中国的传播与同化，佛教中"色不异空、空不异色、色即是空、空即是色"的辩证思维隐喻了物质世界与非物质世界相互依存与转化的关系。因此，"中国的传统空间概念不是一种'处于物质元素之间的空隙'，而是一种'位于更高层次的关于宇宙、自然界、社会与人生的意念'"。中国人这种独特的空间意识影响了其艺术形式的表现。

2. 西方空间概念的发展

自古希腊以来，"空间"就是哲学家们研究和探索的主题，德漠克利特（Demokritos，公元前 460—前 370）[15]认为"空间"等于"虚空"，物质的基础在于原子与虚空。亚里士多德（Aristoteles，公元前 384—前 323）认为："空间就是一切场所的总和，是具有方向和质的特性的力动的场。"数学家欧几里德（Eukleides，公元前 330—前 275）[16]的几何学理论为空间概念奠定了理论基础，通过研究形体的长度、角度、平行等几何特征，来分析直线和平面的空间构成。17 世纪意大利天文学家伽利略（Galileo，1564—1642）[17]通过科学的实验与研究，认为空间是具体的、是与物质本质一体化的。法国数学家笛

[15] 德漠克利特（Demokritos），古希腊伟大的唯物主义哲学家，原子唯物论学说的创始人之一。

[16] 欧几里德（Eukleides），古希腊数学家，几何之父。

[17] 伽利略·伽利雷（Galileo Galilei），意大利天文学家，物理学家和工程师。

卡尔（Descartes，1596—1650）[18] 创立的"解析几何"概念，将空间研究建立在三维直角坐标体系之中。在 20 世纪，数学领域中又出现了"拓扑学"，研究物质与图形之间在连续变化下不变的"拓扑性质"。现代物理学家爱因斯坦（Albert Einstein，1879—1955）[19] 创立的狭义相对论，确立了物质与运动、空间与时间统一的思想。

在建筑领域，把空间作为建筑设计首要品质的观念是在 19 世纪才开始认识到的。黑格尔在其《艺术哲学》中大量使用"空间"这一概念，他认为空间围合的重要性是建筑作为一种艺术的目的。1898 年，"空间"作为一个明确的建筑术语在德国建筑界使用，建筑学第一次被称为"空间艺术"。进入 20 世纪以后，对于建筑空间的追求产生了丰富多样的空间理论。1941 年，美国建筑史学家吉迪恩出版了《空间·时间·建筑》（*Space, Time and Architecture*）一书，他从形式与空间的关系出发，将人类的建筑历史划分为三种不同的类型：第一种是像埃及金字塔，不具备建筑室内空间意识的建筑创造；第二种是以古罗马神庙建筑为代表，建筑的外部形式与室内空间处于分离的状态；第三种是室内空间之间、室内空间与外部空间之间的自由流动是以密斯的巴赛罗纳建筑馆为代表的"流动空间"。

1957 年，意大利建筑理论家布鲁诺·赛维在其出版的《建筑空间论》（*Architecture as Space*）中指出："问题在于建筑物事实上被当作似乎是雕塑品或绘画作品那样来评价，也就是说，当作单纯的造型形象，就其外表进行表面的品评，这不仅是评价方法上的错误，也是由于缺乏一种哲学见解而引起的概念错误。"赛维强调了建筑艺术与绘画、雕塑艺术的差别在于空间是建筑中最本质的品质，运用时间—空间的观念审视了人类建筑的历史。

1960 年，美国学者凯文·林奇（Kevin Lynch）[20] 出版了《城市意象》（*The Image of The City*）一书。针对城市空间环境提出了"可识别性""可意象性"的思想。从道路、边界、区域、节点和标志五个层面来分析城市空间的意象过程。1971 年，挪威建筑理论家诺伯格·舒尔兹（Norberg-Schulz,C.）[21] 出版了《存在·空间·建筑》一书，以海格德尔的"存在主义"哲学为基础，提出了"存在空间"（Existence Space）概念。所谓"存在空间"是比较稳定的知觉图式体系，即环境的"意象"（Image）；所谓"建筑空间"就是把存在空间具体化。根据存在空间尺度上的差异，其可分为五种阶段：地理阶段、景观阶段、城市阶段、住房阶段和用具阶段。

1975 年，日本建筑师芦原义信出版了《外部空间设计》，在书中阐述了其对空间概念的理解："空间基本上是由一个物体同感觉它的人之间产生的相互关系所形成的。"在融会当代空间设计理论的基础上，

[18] 勒内·笛卡儿（Rene Descartes），法国哲学家、数学家、物理学家。

[19] 阿尔伯特·爱因斯坦（Albert Einstein），犹太裔物理学家，创立了狭义相对论、广义相对论等。

[20] 凯文·林奇（Kevin Lynch），美国人本主义城市规划理论家。

[21] 诺伯格·舒尔兹（Norberg-Schulz,C.），挪威建筑理论家。

他创造性地提出了"内部空间秩序与外部空间秩序""逆空间""积极空间与消极空间"等具有启发性的概念。"外部空间"被定义为："是从自然当中限定自然开始的。"外部空间是从自然当中由框框所划定的空间，与无限延展的自然是不同的。外部空间是由人创造的、有目的的外部环境，是比自然更有意义的空间。外部空间就是用比建筑少一个要素的二要素所创造的空间。

1977 年，英国建筑师查尔斯·詹克斯（Charles Jencks）[22] 出版了《后现代建筑语言》（*The Language of Post-Modern Architecture*）一书，比较了现代主义与后现代主义在空间观念和表现方式上的差异。他指出："现代派视空间为建筑艺术的本质，他们追求透明度和'时空'感知。空间被当成各向同性，是由边界所抽象限定的，但又是理性的。逻辑上可对空间从局部到整体，或从整体到局部进行推理。""与之相反，后现代空间有历史特定性，植根于习俗；无限的或者说在界域上是模糊不清的；非理性的，或者说由局部到整体是一种过渡关系。边界不清，空间延伸出去，没有明显的边缘。"

2.4　空间现象

2.4.1　生活中的空间现象

在日常生活当中，我们经常无意识地使用空间。无论身在何处，观察四周，总会发现空间的存在；同时，它似乎又很神秘，看不见、摸不着，我们所看到的只是形成或围合空间的实体。例如，在沙滩上堆建城堡、野营时搭建帐篷、农民在田地时搭建茅草屋、设计师设计并建造高楼等，都是人们在有意识地创造空间的行为（图 2-1）。

图 2-1　生活中的空间现象

[22] 查尔斯·詹克斯（Charles Jencks），当代重要的艺术理论家、作家和园林设计师。

2.4.2 物理空间现象

一般而言,"物理空间"是指物质实体的存在与发展所涉及的客观范围,主要包括地球空间、日地空间和星际空间的物理现象。物理空间强调空间时刻在运动,认为物体周围的空间时刻以物体为中心、以光速向四周发散运动。这个物体当然也包括我们观察者的身体,我们观察者周围空间以观察者为中心、以光速发散运动给我们观察者的感觉就是时间,我们观察者对这种感觉进行描述,用"时间"这个词表达出来。一切物理概念都是质点在空间中相对于我们观察者运动或者质点周围空间本身的运动所形成的,很多物理概念首先来自质点在空间中运动给我们人的一种感觉(图 2-2)。

图 2-2 物理空间现象

2.4.3 行为空间现象

"行为空间"是指人们活动的地域界限,它既包括人类直接活动的空间范围,也包括人们间接活动的空间范围。"直接活动空间"是指人们日常生活、工作、学习所经历的场所和通路,是人们通过直接经验所了解的空间(图 2-3)。"间接活动空间"是指人们通过间接地交流(社交)

图 2-3 直接活动空间(地铁站)

所了解到的空间范围，既包括邮政、电话等个人间联系所了解的空间，也包括通过报纸、杂志、广播、电视宣传媒介所了解的空间（图2-4）。

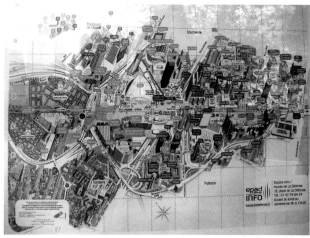

图 2-4　间接活动空间（社交网络、游览导图）

2.4.4　精神空间现象

"精神空间"是指人的思想活动所占的空间。建筑本身不只有"栖身"的功能，还能引发人们情感上的共鸣，属于文化艺术的范畴。著名的建筑师勒·柯布西耶说过："如果墙能够往天上飞升，我会因此而感到震撼，我可以充分体会到你的感受与想法。通过你竖起来的石头能让我明白你当前的情绪是怎样的，是迷人还是温和，是暴躁还是高贵。当你将我摆在这里的时候，我会注视着这周围的所有。而它们能够观察到的，都是其想要表达的内在思想。对于思想的阐释，不需要使用声音和文字，利用形体的表述就可以完成。虽然使用的材料是安静的、没有生命的，但当你与其建立了某种关联的时候，通过这种关联，可以召唤出我们内心的感受，这就是建筑。"

由于社会在不断进步，建筑已不仅仅是满足人们的居住需求，它还具有能够影响人们精神与文化生活的作用，以及利用建筑本身的特点与内涵来提高人们在精神上的素养，对社会有巨大的贡献，同时也成为人类的文化财富。在当前社会，公共文化类的建筑设计在精神与标志性中占据重要地位，并且是人们生活中主要的活动空间，如纪念碑以及宗教等类型的建筑都能够表达自身特有的精神世界。人民英雄纪念碑的设计风格能够让人们感觉到雄伟壮观而且庄严肃穆（图2-5）；欧洲的哥特式教堂在顶端会有一个尖塔的形状，代表着人们对天国的向往，并希望能够更加靠近上帝，从而得到救赎，建筑精神体现在与大众产生的精神内容共鸣上（图2-6）。

图 2-5 人民英雄纪念碑图

图 2-6 圣家族大教堂

2.4.5 心理空间现象

"心理空间现象"指的是在空间中人们的心理活动、经验、记忆、文化等多方面信息，心理过程包括感觉、认知、思维、情绪等阶段（图 2-7）。建筑空间（包括城市空间等对建筑空间的延伸概念）正是这里所谓的行为环境和物理场，是人们心理感觉的背景。人们对事物的感觉就是通过刺激而产生的，是感官对客观事物个别属性的反映；而建筑空间对人的主要刺激来自于视觉刺激，人们对建筑的认识首先是从建筑的形态特征和空间特性等方面得到感性认识，在感觉的基础上进而对建筑空间形成个人的知觉。知觉过程是一种主动的感知活动，

图 2-7 大脑思维导图

是将自我经验及欲望结合在一起的心理活动。例如，通常人们习惯高度为2.4~3.3米左右的室内空间，如果突然遇到2米高度的室内空间，即便正常人身高通常不足这个高度，但人们总会下意识地低头，这就是一种对空间认知经验导致的心理反应。

空间基本上是一个物体同感觉它的人之间产生的相互关系形成的。如果说知觉强调的是一种主体（即人）对客体（即建筑）的接受程度，那么人的主观能动性则表现出心理知觉对客观事物的影响和改造。建筑空间与心理需求存在着辩证关系，空间是建筑师限定出来的区域，但它不一定能完整地满足使用者的需求，即便在最初建成时能够满足，随着时间的推移，建筑功能也有可能随着使用者的变化而无法满足其需求。可以说，在整个建筑生命周期中，建筑空间只能在一定时间内满足使用者的空间需求。当需求无法满足时，人的内心就会因不满现状而出现一个张力系统（当一个人具有一定的动机或需要的时候，在他的体内必然会出现一个张力系统），这个系统会随着需要的满足和动机的实现而趋于松弛；反之，如果需要得不到满足或动机受到阻碍，那么这个张力系统就会在一定时期内继续存在。在当建筑空间形态无法满足使用者的需求时，使用者所产生的负面情绪就会累积到一定程度，从而促使使用者去改造建筑空间，这种改变空间的做法就是一种对张力系统进行松弛的反应。特别是对于私人拥有的场所而言，使用者总会自发地去将空间改造为自己所熟悉和希望的那种形态，而且随着时间的推移，使用者会不断地改变空间形态以适应当即的心理需求，而这些适应需求的改造过程伴随着整个建筑生命周期。

空间尺度并不仅仅取决于人们的生理概念，更多的时候它取决于一种人们所习惯的心理尺度，在空间问题上，生理和心理应该从一种整体的角度来定义，不能分开来考虑。诺伯格·舒尔茨在《建筑意向》一书中强调："我们所能觉察到的是自己的经验之和，要依赖概念，而且对象也不是孤立的、绝对的，只是相对的整体。觉察是有意向的。我们通过知觉直接意识现象世界，它并不能表达客观的和简单的世界。"正是因为人们对客体的知觉过程是一个整体的感受，所以才要求建筑师要将空间尺度的定量问题放在一个整体空间背景中来考虑，这样才能创造出一个为人们生理和心理都乐意接受的空间环境。同时，建筑空间不仅仅是一个尺度问题，作为一个整体，建筑空间中的色彩、物体形态、空间中的各种声响等都是建筑空间这个整体中的构成元素，它们同样对处于空间中的人的心理状态造成影响（图2-8）。

在建筑形态方面，尖锐的形态给人以一种冲击感，而缓和平滑的形态则给人一种亲切感，因为人们在心理上会有一种回避冲击的本能。建筑师以创造一个宜人的空间而存在，他是为人类的乌托邦城市创

图 2-8　建筑外墙装饰及功能多样的公共空间为社区空间增添了不一样的色彩

造一个个可能性的，正如阿尔瓦·阿尔托所说的那样："建筑师所创造的世界应该是一个和谐的和尝试用线把生活的过去与将来编织在一起的世界。而用来编制的最基本的经纬就是人们纷繁的情感之线与包括人在内的自然之线。"

2.5　空间类型

空间类型或类别可以根据不同空间构成所具有的性质特点来加以区分，以利于在设计组织空间时进行选择和运用。常见的空间类型有以下几种。

2.5.1　内部空间与外部空间

"建筑空间"是人们为了满足其生产或生活的需要，运用各种建筑主要要素与形式所构成的内部空间与外部空间的统称（图 2-9）。内与外，作为一种空间相对位置关系的划分维度，它们之间隐含着一条可见或不可见的边界。

"内部空间"通常由六个面（地面、顶棚和四个墙面）围合而成（图 2-10）。"外部空间"即"城市空间"，通常由建筑物的外墙面以及其他人为物和自然物等要素围合而成（图 2-11）。当人们在自然环境中有目的地创造这些要素并赋予一定空间意义时，就形成了"外部空间"。所谓的"外部空间"也是建筑的一部分，即"没有屋顶的建筑空间"（图 2-12）。

图 2-9　滑动门将室内空间与户外空间融为一体（Tara 别墅）

图 2-10　客房的内部空间

图 2-11　人为物和自然物等要素围合而成的城市空间

图 2-12　建筑入口前的广场提供了一个可以休息的公共空间

2.5.2　封闭空间

"封闭空间"是指用具有限定性的空间元素（墙、板等）围合起来形成的空间范围。封闭空间是内向性的，在视觉、听觉等方面具有很强的隔离性，给人以领域感、安全感、私密性的心理效果。如优思建筑为 2018 年北京设计周设计的 CO·贰装置，是一个与城市混乱嘈杂隔离开、感受独立思考的封闭空间。这个装置同时也是一个三维投影屏幕，在多层次的空间进行各种类型的表演。建筑、音乐、视觉艺术和灯光艺术结合在一起，以震撼的视觉冲击、层次丰富的听觉感受来提高人们对所居住的城市环境的认识（图 2-13）。

图 2-13 四周的白色幕布成为混乱的城市环境和庭院，私密氛围之间的过渡区域

园林建筑中最典型的封闭空间是庭院理景，也是最基本的围合方式，它是由建筑和墙体两个基本元素构成的，偶尔也有沿墙而建的廊子，可以将其看成是有屋盖的墙。建筑与墙围合成的庭院，通过空间比例的重组可以变换出无数样式。如寄畅园的秉礼堂，其庭院不大，却容纳了厅堂、游廊、天井、水池、小径、后院等诸多内容，经过有序空间组织，已达到"小中见大"的效果。对比的方法是最常见的庭院理景设计手法，宽敞的厅堂与狭长的廊对比，密集的驳岸山石与平静的水面对比，可以显现出庭院空间的丰富多彩（图 2-14）。

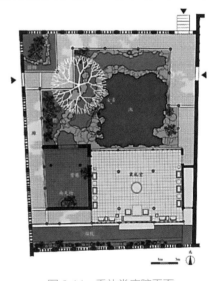

图 2-14 秉礼堂庭院平面

2.5.3 开敞空间

"开敞空间"的开敞程度取决于有无侧界面、侧界面的围合程度、开洞的大小及启闭的控制能力等。相对封闭空间而言，开敞空间界面围合的限定性很小，常采用虚面的形式来围合空间（图 2-15）。开敞

空间是外向性的，限定度和私密性小，强调与周围环境的交流、渗透，通过对景、借景等手法，与大自然或周围空间融合（图 2-16）。与同样大小的封闭空间相比，开敞空间显得更大一些，心理效果表现为开朗、活跃，性格是接纳性的。

图 2-15　通透的立面使室内温泉与室外的自然环境相交融

图 2-16　半开敞的居住空间面向户外泳池

2.5.4　动态空间

　　"动态空间"或称为"流动空间",具有空间的开敞性和视觉的导向性,界面组织具有连续性和节奏性,空间构成形式富有变化和多样性,使视线从一点转向另一点,引导人们从"动"的角度观察周围事物,将人们带到一个有空间和时间相结合的"第四空间"(图 2-17)。开敞空间连续贯通之处,正是引导视觉流通之时,空间的运动感既在于塑造空间形象的运动性上,更在于组织空间的节律性上(图 2-18)。

图 2-17　楼梯下光影和流动的水形成动态空间 　　　　　图 2-18　组织引入流动的空间序列,方向
　　　　　（综合体）　　　　　　　　　　　　　　　　　　　　　　　　性较明确（办公楼）

2.5.5　静态空间

　　"静态空间"一般来说形式相对稳定,常采用对称式和垂直水平界面处理。限定性较高,多为尽端空间,且布局对称,追求一种静态的平衡,多用于图书馆、阅览室、教室等空间处理。从视觉来讲,静态空间元素一般线条舒缓,色调柔和,少有强制引导视线的因素(图 2-19)。从心理学来讲,静态空间具有平和、典雅、平稳、安静、对称的感觉(图 2-20)。

图 2-19　色彩淡雅和谐,光线柔和,装饰简洁

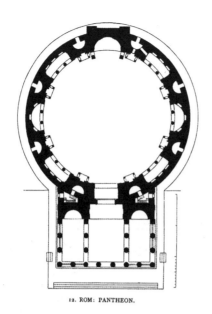

12. ROM: PANTHEON.

图 2-20   万神庙的空间是静态的，是整齐的集中式，缺乏
光影变化，并受厚重无比的墙壁所限制

2.5.6   共享空间

"共享空间"是由美国建筑师约翰·波特曼于 1967 年创立的，它是用一个大尺度的公共空间将其他空间连接起来，是一个多功能的公共空间，既是人群的聚集处，也是人群再分配的起点（图 2-21）。它是其他空间的连接中心，是为了人们相互之间的沟通与交流的需要而产生的，共享空间具有共通性、开放性、功能性的特点（图 2-22）。

图 2-21   酒店大堂聚集人群并分流人群，形成连续的交流空间
体现了空间的开放性（酒店）

图 2-22　共享式居住空间促发更多交往的功能，重新诠释居住体验
和社群文化在城市建造中的作用（青年公寓）

2.5.7　虚拟空间

　　"虚拟空间"其实是一种心理空间，它没有用较高的限定性空间元素来分隔，主要运用心理暗示来体现（图 2-23）。虚构空间一般处于大空间中，借助色彩、材质、照明、陈设或改变标高等来体现，视觉上较少有空间构成元素的存在，主要依靠联想来完成空间构成，既具有一定的领域感，又保证了整体空间的完整性（图 2-24）。

图 2-23　空间界线模糊，通过地面铺装
和灯具限定（酒店）

图 2-24　借助照明限定大空间中的小空间

2.5.8   母子空间

"母子空间"是对一个大空间的二次限定，在大空间中再限定出若干个小的空间范围，它具有一定的规律性、开放性。子空间内有一定的领域性，功能要求得到充分体现，是整体与个体相融合的最佳典范（图 2-25）。从视觉角度讲，空间层次丰富、空间布局多样化，有一定的韵律感；从心理角度讲，具有私密性和开放性（图 2-26）。

图 2-25   公共空间内限定出的若干小空间为独立的商铺

图 2-26   红色玻璃与挂帘围合的 VIP 房间，为有隐私需求的顾客提供了独立的空间（沙龙）

2.5.9 地台空间

"地台空间"是空间一部分区域提高所形成的空间部分，地台空间一般布局较规整，具有一定的外向性、展示性及方向性，使水平空间具有层次感（图 2-27）。从视觉上看视野开阔，是视点的聚集处；从心理感觉看，具有居高临下的优越感（图 2-28）。

图 2-27 住宅室内的地台空间，提供休息的场所

图 2-28 阶梯式的基面抬升是教堂内部空间的视觉中心（Saemoonan 教堂）

2.5.10　下沉空间

"下沉空间"是某局部空间底面标高低于水平空间，利用空间元素限定出的一个范围较明显的区域，这种空间具有较强的围护感，空间性格较内向，随着下沉空间视点的降低（图2-29），感觉整体空间较开阔，层次增强。下沉空间具有一定的领域感，心理感觉较安静（图2-30）。

图 2-29　洛克菲勒广场，建筑群的中央是一个下凹的小广场

图 2-30　混凝土庭院中下沉的黄铜露天剧场

2.5.11　不定空间

"不定空间"是一种多元化空间的构成形式，主张空间界限的不确定性、模糊性。是由于人们行为与意识有时存在模棱两可的现象而产生的，又被称为"灰空间"（图2-31）。主要考虑从人的活动状态来处理空间要求，常常介于室内与室外、开敞与封闭、明亮与昏暗、坚硬与舒缓之间，多用于不同空间类型之间的过渡和延伸等（图2-32）。

图 2-31　不定义空间界限，而是以不同的线条将室内分隔（无印良品老公房改造）

图 2-32　在有限的空间内创造更多的边缘效应

2.5.12 悬浮空间

"悬浮空间"是垂直空间分隔的一种空间类型，一般采用悬吊结构，底面没有支撑结构，或者通过梁架起一个小空间，这种空间形式具有一种悬浮感，从视觉角度看，它具有整体空间的完整性，底层空间布局更灵活。从上层向下看则视野开阔、轻盈，心理感觉新异、开放，具有不稳定性、不安全性（图 2-33）。

图 2-33 大堂内悬浮的会议室，仿佛空中楼阁，让实体悬浮在空中（巨人网络办公室）

2.5.13 结构空间

结构是形成建筑空间的决定因素，不同的建筑结构不仅可以制造不同的空间形态，满足不同的使用功能，也可以产生不同的装饰效果（图 2-34）。

现代科学技术的发展为我们提供了丰富的建造手段及材料，结构空间就是充分展示建筑结构中外露部分的特点以达到视觉审

图 2-34 住宅内保留下来的混凝土结构

美的效果，是建筑精华内部空间的延伸。结构空间具有力量感、科技感、安全感的特点，"结构空间"是建筑结构与室内设计相结合的产物（图 2-35）。它又可分为梁板结构、框架结构、穹隆结构、悬挑、薄壳、薄膜结构、悬索结构。

图 2-35　木制空间桁架下的空间全部连接在一起，是由工厂改造的（多功能社区中心）

2.5.14　生态空间

生态设计是从 20 世纪 50 年代兴起的"绿色运动"发展而来的，最先兴起于 80 年代初的西方设计界，突出对自然环境的保护和良好居住环境的创造，形成"人—自然"的整体价值观和生态经济价值观，同时，也能满足人的物质需求、精神需求和人们生存发展、休养生息、享受自然美、安全、健康舒适的生态需求。

现代环境设计理念已单纯地从以人为本的原则向追求自然生态的原则发展，生态空间已经被越来越多的人所认同和接受（图 2-36）。生态空间可以选用天然材料进行内部修饰，如木质、竹质、藤质、石质等（图 2-37）。

图 2-36 拥有生态花园的办公室入口，关注人、自然和空间的关系
（生态办公室改造）

图 2-37 运用天然木材营造自然、简朴、高雅的氛围

2.6 环境设计学科涉及的空间范围

2.6.1 建筑空间

建筑艺术并不在于形成空间结构部分的长、宽、高的总和，而在于被围起来供人们生活和活动的空间。我们所使用的节奏、尺度、均衡、体量等专业词汇，若不赋予建筑特有的实在内容——"空间"，那它们必定是空泛的。立面和墙面，不管有多么好看，都只不过是一个外壳，它所装的内容才是内部空间。

　　给人以美感的建筑必然是内部空间吸引人、令人振奋,在精神方面使我们感到高尚的建筑。如沙特尔圣母大教堂是哥特式建筑的代表作之一,是标准的法国哥特式建筑。它高大的中殿呈纯哥特式尖拱型,四周的门廊展现了 12 世纪中叶精美的雕刻,12、13 世纪的彩色玻璃闪闪发光(图 2-38、图 2-39)。又如马来西亚霹雳州的一处印度教神庙(Simpang Halt Indian Temple),神社、神庙、教堂等宗教空间往往使步入其中的人们叹为观止,甚至被一种强大的精神力量所征服,从而达到吸收其入教的终极目的(图 2-40)。

图 2-38　沙特尔圣母大教堂　　　　图 2-39　建筑内部的彩绘玻璃

图 2-40　印度教神庙

2.6.2 景观空间

"景观空间"是指在城市（镇）范围内的设计尺度上运用三个"面"围合而形成具有不同功能、意义的场所，作为一个整体概念应该称之为"景观空间系统"。系统是物质的基本存在方式，它包括环境、结构、要素、功能四个方面，它还可以分解成许多等级的子系统。"环境"是对应于景观空间系统所处区域的自然环境和人文环境；"结构"是景观空间之间相互连接、渗透的接近于自然式的拓扑关系；"要素"同样是指"面"和"人"；"功能"是景观空间表达自身以满足各种需求的状态。景观空间系统由于具有整体有机性，它的环境、结构、要素、功能还处在不断生长、发展和完善之中。例如，京都东福寺（Tofuku-ji Temple）的蓬莱、瀛洲、壶梁、方丈、五山、八海石组。在日本庭园文化中，神是依附于巨石而存在的，因此人们将巨石神化、排列在一起，用以界定神所在的场所。东福寺（Tofuku-ji Temple）方丈庭园的龙吟庵，作者是重森三玲（1896—1975），其为昭和时期造园家、庭园史研究家。在布局上，造园师通过近处布置小体块，远处布置大体块的手法来强调空间的进深感（图 2-41、图 2-42）。

图 2-41　京都东福寺

采用有生命的材料营造空间是风景园林学区别于建筑学的根本特征（图 2-43）。纽约第五大道的特朗普大厦（Trump Tower）在建筑外

图 2-42   京都东福寺庭院的石组

图 2-43   园林与樱花交相辉映（姬路城）

墙种植枫树，反映出空间的季相特征（图 2-44、图 2-45）。

图 2-44 特朗普大厦　　　　　　　　图 2-45 特朗普大厦

景观空间作为空间的一种类型，它符合"原空间"的所有特质，又因其处在景观之中，故特别之处也极易显现出来。"景观空间"概念在生态学科内已经发展成一个完善的体系。景观生态学中以"斑块、廊道、基质"景观模式为景观空间分析提供了"空间语言"；遥感、地理信息系统在景观生态学中的应用日趋广泛，为景观空间分析提供了"空间手段"；"尺度、格局、过程"之间的相互关系分析是当前景观生态学研究中重复率最高的主题词；"尺度""格局"深深地打着空间的烙印，影响并决定着各种基本的景观过程。

2.6.3 室内空间

室外是无限的，室内是有限的。相对来说，室内空间对人的视角、视距、方位等方面都有一定的影响。由空间采光、照明、色彩、装修、家具、陈设等多种因素综合而成的室内空间，在人的心理上会产生比室外空间更强的承受力和感受力，从而影响到人的生理、精神状态。室内空间的这种人工性、局限性、隔离性、封闭性、贴近性，使得有些人称其为"人的第二层皮肤"。

"室内空间"是人类劳动的产物，是相对于自然空间而言的，是人类有序生活所需要的物质产品。人对空间的需要，是一个从低级到高级，从满足生活上的需求，到满足心理上精神生活需求的发展过程。但是，无论是物质生活需要还是精神生活需要，都受到当时生产力、科学技术水平和经济文化等方面的制约。人们的需要随着社会的发展而不同，空间随着时间的变化也相应发生改变，这是一个相互影响、相互联系的动态过程。因此,室内空间的内涵、概念也不是一成不变的,而是在不断补充、创新和完善。

对一个具有地面顶盖和东西南北四方界面的房间来说，室内外空间的关系容易被识别，但对于不具备六面体的围闭空间，可以表现出多种形式的内外空间关系，有时难以在性质上加以区别。但是现实生活告诉我们，一个简单的独柱伞壳，如站台、沿街的帐篷摊位，在一定条件下（主要是高度），可以避免日晒雨淋，在一定程度上达到最原始的基本功能。而徒具四壁的空间，也只能称为"院子"或"天井"而已，因为它们是露天的。由此可见，有无顶盖是区别内外部空间的主要标志。

室内空间组织首先应该根据物质功能和精神功能的要求进行创造性的构思，根据当时、当地的环境，结合建筑功能要求进行整体策划，抓住问题关键，内外兼顾，从单个空间的设计到群体空间的组织，使室内空间组织达到科学性、经济性、艺术性、理性与感性的完美结合。室内空间组织离不开结构方案的选择和具体布置，要考虑到家具等的布置要求及结构布置对空间产生的影响（图 2-46、图 2-47）。

图 2-46　与众不同的家具和照明设计，提供人性化的阅读空间（阅览室）

图 2-47　织物形成礼堂内连续而光滑的墙壁天花表面（沙迦酋长国剧院）

2.7　推荐阅读

书名:《空间的生产》/ *THE PRODUCTION OF SPACE*

作者: 亨利·列斐伏尔（Henri Lefebvre）

内容简介:

20 世纪 70 年代前后，列斐伏尔撰写了一系列关于空间与城市问题的著作。其中，出版于 1974 年的《空间的生产》集中了他对都市和空间问题最重要的思考，堪称其空间研究的集大成之作。

书名:《空间·时间·建筑——一个新传统的成长》/ *SPACE, TIME & ARCHITECTURE*

作者: 希格弗莱德·吉迪恩（Siegfried Giedion）

内容简介:

《空间·时间·建筑——一个新传统的成长》用比较方法来研究历史；用空间概念来分析建筑；用恒与变来揭示发展的本质；用大历史衬托具体建筑现象，又用具体现象的深刻分析来呼应时代；种种直笔与曲笔的结合、共时与历时分析的结合，使人在雄浑的历史感中体会到建筑真意。

　　内容上，时段起始于文艺复兴直至当代，范围跨越规划、建筑，所用材料丰富翔实、富于启发，实际上它不止探讨建筑和规划各方面与工业技术的并行发展及相互影响，还呈现了它们与艺术结伴而行的情形。此外，在它之前许多建筑与规划不为人知，而经它之后为人重视的现象比比皆是，所以对史料所作的重新诠释之功也是不可忽视的。

　　书名：《建筑空间论：如何品评建筑》/ *Architecture as Space: How to Look at Architecture*

　　作者：布鲁诺·赛维（Bruno Zevi）

　　内容简介：

　　《建筑空间论：如何品评建筑》是布鲁诺·赛维在多年研究成果及心得的基础上总结撰写而成的。书中对相关主题进行了全面、深入的论述与探讨，对一些理论问题进行了新的诠释与定位；抨击了用绘画和雕塑等造型艺术评价方法来品评建筑的现象，强调了空间是建筑的主角，应运用"时间—空间"观念去观察全部建筑历史。该书已被译成10余种文字出版，并被许多国家列为建筑学课程的基本教材。

空间，是物质广延性的存在形式，既是不依赖于人的意识而存在的客观实在，又是有限和无限的统一。从空间的角度思考设计是关键，学会空间的组织与编排是基本，能够通过空间形塑传递生活态度是技巧。

3.1　空间的基本理论

空间,天生是一种不定形的东西。它的视觉形式、它的量度和尺度、它的光线特征——所有这些特点都依赖于我们的感知，即我们对形体要素所限定的空间界限的感知。例如，将手握成拳头，然后慢慢松开，在手掌之间的中空部分就是空间，正因为有了这个空间，我们可以握水杯、拉门把手等，进行日常生活活动。用水将杯子填满，正是因为杯子有空的部分，才能够发挥其容器的作用，任何一个容器都如此。我们用餐或是学习往往依赖于一套桌椅所限定出的一个空间，当桌子被挪走时，这种空间也随之消失了。

3.1.1　建筑空间的定义

建筑 ≠ 房子（房子是建筑物，但建筑物不仅仅是房子，还包括纪念碑、塔等），建筑空间 = 供人活动的 + 实用 + 艺术 + 情感 +……狭义的建筑以人与建筑物为范围，提供适合人们居住与活动的屋舍；广义的建筑包含所有人类居住的环境，是一个整体，一个由小到大紧密结合的层次关系（图 3-1）。

《辞海》：建筑，筑造房屋、道路、桥梁、碑塔等一切工程。

《韦氏国际英语词典》：建筑，

图 3-1　广义的建筑

①设计房屋与建造房屋的科学及行业；②构造的一种风格。

维基百科：Architecture 并不仅仅指单个的构造物，也包括创造建造物的行为（过程、技术）等。建筑的对象大到包括区域规划、城市规划、景观设计等综合环境设计构筑、社区形成前的相关营造过程，小到室内家具、小物件等的制作。而其通常的对象为一定场地内的单位（图 3-2）。

图 3-2　建筑的对象

3.1.2　建筑的空间性

空间性与人类的存在与生俱来。尤其在当今世界，人类生活的空间维度深深地关系着时间与政治。但空间是真实的存在，还是想象的建构？是主观的，还是客观的？是自然的，还是文化的？在过去的若干个世纪，人类的认识徘徊在二元论的思维模式之中，试图在真实与想象、主观与客观以及自然与文化之间给空间性定位，由此便出现了两种空间认识模式："第一空间"的透视法和认识论模式，关注的主要是空间形式之具体形象的物质性，以及可以根据经验来描述的事物；"第二空间"是感受和建构的认识模式，它是在空间的观念之中构想出来的，缘于人类的精神活动，并再现了认识形式之中人类对于空间性的探索与反思。如果可以把"第一空间"称为"真实的地方"，把"第二空间"称为"想象的地方"，那么"第三空间"是在真实和想象之外又融构了真实和想象的"差异空间"，是一种"第三化"以及"他者化"的空间。或者说，"第三空间"是一种灵活地呈现空间的策略，一种超越传统二元论认识空间的可能性。

1. 从功能上区分

（1）外部空间——建筑实体轮廓的外围，属于城市空间的范畴，是使用者的户外活动空间、建筑的周边环境。

建筑外部空间是在自然中对自然的限定。一个建筑建成了，便形成了自己的、从无限的自然当中框定了的外部空间。与无限伸展的自然形态空间不同，外部空间是由人创造的、有目的的外部环境。所以，外部空间设计就是在无限的大自然空间中，创造一种有意义的空间技术。由建筑师所设想的外部空间，十分类似于造园师经营园林建筑的位置，即把整个用地看作一个整体（图 3-3）。布鲁诺·赛维[1]认为，花园庭院就是没有内部空间的建筑，然而芦原义信与之有不同的认识，

[1] 布鲁诺·赛维（Bruno Zevi），意大利罗马大学建筑历史学教授。

他认为，建筑的外部空间与庭院或开敞空间是不同的。因为这个空间是建筑的一部分，芦原义信将其称为"没有屋顶的建筑"空间。建筑空间根据常识来说是由地板、墙壁、天花板三要素所限定的。当将外部空间作为"没有屋顶的建筑"来考虑时，就必然由地面和墙壁这两个要素所限定。换句话说，外部空间就是用比建筑少一个要素的二要素从自然环境中限定了空间。

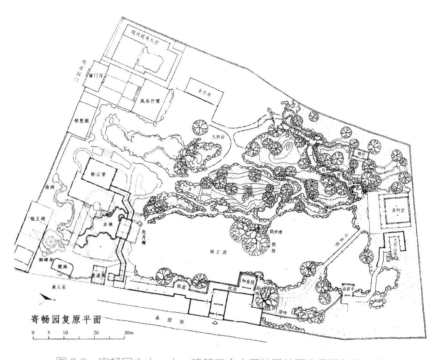

图 3-3　寄畅园中山、水、建筑三个主要的园林要素是平行展开的

　　建筑的外部空间融合在环境之中，它与环境空间没有明确的界限。外部空间具有两种典型的形式：一种是以空间包围建筑物。这种形式的外部空间称为开敞式的外部空间，包围建筑的环境可以是无边的自然，也可以是其他建筑群体的外部空间。另一种是以建筑实体围合而成的空间，这种空间具有明确的形状和范围，被称为封闭形式的外部空间。但在实践中，外部空间与建筑形体的关系却复杂得多。主要形式包括了建筑物或建筑群附近的外部空间、街道和沿街道线性布置的各种派生空间及城市大型广场与庭院。其中，四面围合的空间封闭性最强，随着围合面的减少，空间由封闭变得敞开。当只有一个孤立的建筑时，空间的封闭性就消失了，转化为空间包围着建筑。把若干外部空间组合成一个空间群，利用它们之间的分割与联系既可以借对比求得变化，又可以借渗透增加空间的层次。除了四面的墙体，在外部空间设计中，通过地面处理也能使人产生空间感。

　　（2）内部空间——建筑实体所围合的部分。内部空间可分为公共空间、半公共空间和私密空间。

空间形态通过围合实体形态得以体现，空间的组合变化也会受到体量形式的影响。从空间比例角度来说，建筑体量的比例变化不仅能从外部带给人视觉的冲击，同时也可以配合内部空间营造一定的空间氛围。例如，体量高度的增加，能够形成一个形状窄而高的内部空间，纵向强烈的呈现，会使人产生向上的感觉，同时激起崇高、激昂的情绪，哥特式的教堂就是很好的例子。其高直的外部体量决定了内部空间具有狭长的高度，设计者正是利用这样的几何空间特点，使置于此空间中的人产生超越一切的精神力量，这种神秘的境界缩短了人与神的距离，满足了精神感受（图 3-4）。相反，体量间的穿插挤压能够形成一个细长的内部空间，细长型的空间会诱导人在心理、情绪上产生压抑的感觉。随着空间深度的增加，这种心理上的变化会更强烈（图 3-5）。

图 3-4　教堂高直的内部空间

图 3-5　犹太人博物馆内部线状的
狭窄空间

（3）灰空间（半内部、半外部空间）——建筑的内部空间与自然空间的模糊性表现为"灰空间"，这是介于内部与外部空间的一种暧昧空间。

"作为室内与室外之间的一个插入空间，介于内与外的第三域。因有顶盖可算是内部空间，但又开敞故又是外部空间的一部分。因此，'檐侧'是典型的'灰空间'，其特点是既不割裂内外，又不独立于内外，而是内和外的一个媒介结合区域。"[2]　"灰"就是模糊、暧昧的意思。这里所指的"檐侧"是一种建筑檐下的空间（图 3-6、图 3-7）。

[2]《日本的灰调子文化》，黑川纪章

在东方建筑中，用屋顶出挑的部分再次创造屋檐下的空间或者是蜿蜒的廊下空间，都属于这个"灰空间"的层次（图3-8）。例如，苏州沧浪亭中的复廊将园内外的山与水有机地连在一起，在廊墙分隔内外的同时，一对儿跨在廊墙两侧的廊檐将园内的山和园外的水紧紧地衔接在了一起，造成了山水互为借景的效果，同时也弥补了园中缺水的不足，拓展了游人的视觉空间，丰富了游人的赏景内容，形成了苏州古典园林独一无二的开放性格局，如此，沧浪亭的这条复廊不仅被视为沧浪亭造景的一大特色,同时,也被人们誉为"苏州古典园林三大名廊"之一（图3-9）。

图3-6 唐招提寺

图3-7 京都御所

图3-8 东本愿寺

图3-9 沧浪亭

空间是建筑的主角，空间的构成模式在一定程度上反映了建筑形式的秩序特征，很多现代建筑空间也常采用这种类型。使用恰当的灰空间能带给人们以愉悦的心理感受,使人们在从"绝对空间"进入"灰空间"时可以感受到空间的转变，享受在"绝对空间"中感受不到的心灵与空间的对话（图3-10、图3-11）。而实现这种对话的方式，大体有以下几种：

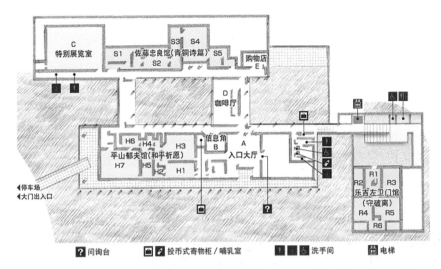

图 3-10 佐川美术馆平面

图 3-11 人字形屋檐和廊柱构成的灰空间

（1）用"灰空间"来增加空间的层次，协调不同功能的建筑单体，使其完美统一；

（2）用"灰空间"界定、改变空间的比例；

（3）用"灰空间"弥补建筑户型设计的不足，丰富室内空间。

2. 从环境行为角度区分

从环境行为角度出发，每个建筑空间都包含人、自然、社会这三项基本要素，因此，根据人的行为与环境交互作用对空间进行划分可以分为：

（1）结构围合空间

结构围合空间即人的视线可见的墙、柱、楼、地面等结构围护空间，这是构成建筑空间的基本条件，也是行为和知觉空间的基础。

（2）行为空间

行为空间包含人可及的活动范围，主要是人在生活和生产过程中所占有的空间，这是建筑空间的实质内容。

（3）知觉空间

知觉空间即指人以及人的生理和心理需求所占有的空间。如果一个人所需占有的实际空间不足1平方米，当按照这一尺度来分配空间，就会使人感到拥挤不堪。

自然的空间环境经过划分与标记成为建筑空间，建筑空间代表着秩序。划分空间的方法有概念上的和实质上的两种：概念上的划分，是依赖人们对空间与方位所赋予的意义而进行的；实质上的划分空间，指的是利用物体本身的物理差别来区分与标记空间。

3.1.3 建筑空间的限定

1. 质感

在地面，依赖不同的材料铺设将需要的那部分场地从背景中标记出来，这是限定空间最直接简便的办法。城市广场的划分经常采用这种办法（图 3-12）。

2. 高差

如果欲加强限定空间的程度，我们可以将地面升起或降下，制造高差使其在边缘产生垂直面，以加强空间四周地面的区分感（图 3-13）。

图 3-12 户外地板限定了步行区域　　图 3-13 抬升区强调了孤植树的领域感

3. 设立

在一个较大的房间或环境中，四根柱子能够形成离散空间容积的四角。通过设立的办法，即在需要限定的空间四角立起柱子，也可以加强空间的限定程度（图 3-14）。

图 3-14　四根白色柱体限定了开放式中庭空间（荷兰食品 IT 公司）

4. 覆盖

当把架起改为平行于地面的平面时，它便成为覆盖。覆盖在垂直方向上可划分空间。

5. 围合

垂直面的使用是空间围合的常用手法，它比设立有更强的空间分隔感。当垂直面的高度齐腰部时，空间既分又连。而当超过人的身高时，它就遮挡了视线和空间的连续性，使空间完全隔断（图 3-15）。

图 3-15　明确限定和围合的庭院空间，并将周围要素排除在这一区域之外
　　　　（龙安寺）

3.1.4 建筑构成体系

空碗之所以有用，在于它是用泥土焙烧的实体。可见，空间之所以成为空间，在于有实体元素的存在。就建筑空间而言，"空"与"实"是两位一体，是同一事物的两个方面，就像一个硬币的两个面。建筑空间实际上隐含着实体（结构围合空间），否则是没有建筑学意义的。建筑元素对空间的影响是第一位的，我们对空间的感受事实上依赖于这些建筑元素，在我们未理智地认识到它们之前，建筑空间的构成元素已经影响了我们的感受。

建筑构成体系包含以下几点：

1. 空间、结构、围护物

（1）组合模式、关系和层次；

（2）空间的限定和形象的质量；

（3）形式、尺度和比例；

（4）表面、形状、边缘和开口。

2. 空间——时间中的运动

（1）引道和入口；

（2）通道的形状和进入；

（3）空间序列；

（4）光线、景观、声学。

3. 取得的手段——技术

（1）结构和围护物；

（2）环境的保护和舒适；

（3）卫生、安全；

（4）耐久。

4. 设计纲要

（1）使用者的要求、需要和愿望；

（2）法律上的制约；

（3）经济因素；

（4）社会和文化因素；

（5）历史性的先例。

5. 适用于周围的关系

（1）基地和环境；

（2）气候：日照、风向、温度、降水量；

（3）地理：土壤、地形、植被、水文；

（4）感觉：地点特征、景观、声音。

3.1.5 建筑空间秩序

"秩序"是影响和控制事物内在诸要素的结构、组织和存在方式，是使事物得到有规划的或和谐的安排，或布局的因素，或意志。凯文·林奇认为，城市的构成要素是道路、边沿、区域、结点和标志。这五个要素共同确定了建筑和城市空间的秩序。建筑秩序没有外在形象的客观存在，建筑秩序的表达依托于物质手段。

建筑空间的秩序感可以表现为以下几点：

1. 平衡感

平衡感使我们根据地心引力的作用和周围环境中看到的一切，来确定上方与下方及物体的稳定性。平衡感带来空间形式的基本秩序——对称和均衡（图3-16、图3-17）。

图3-16 不对称的均衡

图3-17 对称的均衡

例如，古罗马建筑空间的基本特点在于其构思是静态的，不论是圆形还是方形，这两种空间其共同规律都是对称性，与相邻各空间的关系都是绝对各自独立的，厚重的分隔墙越发加强了这种独立性，以超人的宏伟尺度构成双轴线的壮观效果（图3-18）。

2. 方向感

方向感包括感知各种秩序关系，如高与低，远与近，连接与分离。轴线的运用是体现方向感的重要手段。中国古代城市、坛庙、陵墓、宫殿及民居，都有轴线的配置关系。几何性、方向性十分突出，在设计上维持轴线布局形成气魄最为宏大、空间序列最有韵律变化、方向感最强的建筑群为北京故宫。其以外城的南边永定门为起点，经永定门大街、正阳门、大清门、天安门、端门到达紫禁城的午门，在紫禁

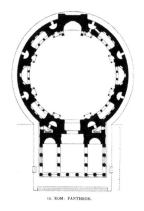

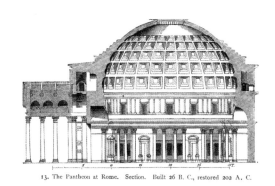

图 3-18　万神殿平面为圆形，上面覆盖着古代世界最大的穹顶

城内沿中轴线布置了前朝三殿、后朝三殿、御花园等建筑群体，出神武门，登景山后的寿皇殿，出地安门，直抵钟楼和鼓楼，长达八公里的轴线贯穿南北，严整对称的轴线空间充分体现了城市秩序和宗法礼制的天子至尊（图 3-19）。

3. 动感

动感来自相互作用的物体引起的变化。动感是感知波纹状、放射状、螺旋状的形态组合。动感可以把握较为复杂的秩序，例如格罗皮乌斯设计的包豪斯校舍，放射式空间组合极富动态和变化（图 3-20）。丹下健三的代代木体育馆半圆相错群体体现的旋转与稳定的美也是动态的（图 3-21）。弗朗切斯科·博罗米尼 1634 年设计的罗马圣卡洛四喷泉教堂 (San Carlo Alle Quattro Fontane)，建筑正面为波浪形（图 3-22）。

4. 美感

美感是一种感官的愉悦，具有美感的形式一般具有某种"异质同构性"。秩序感来源于人对建筑形式的认知和解读，人们通过对形式的认知，以整体性的方式来对形式产生一种意向，是人认知形式的一种生物共性。而有秩序感的认知可以被解读为以整体性方式意向的形式不一定能引起感官上的愉悦。

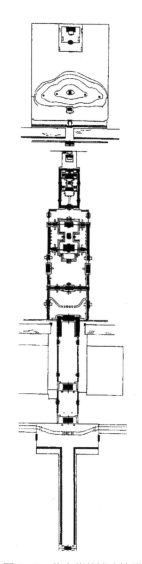

图 3-19　北京紫禁城建筑群

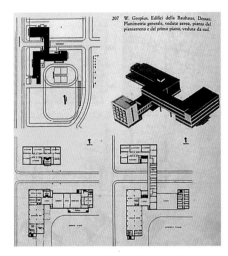

图 3-20　动感的表现形式　　　　　　　　　　图 3-21　旋转与稳定的动感

图 3-22　巴洛克式空间的动感和渗透感

3.2 形式与空间

一切事物只要是客观存在的，都不能脱离形式，进一步来讲，事物的发展、变化不能没有形式，事物的存在、变化甚至相互作用都是在形式中展开的。形式的第一层含义是事物的外显方式，即存在方式；形式更重要的第二层含义是内在的标志，即意义、观念等精神内容的载体；形式的第三层含义是指人对事物的外显方式的认知。

对建筑空间来说，形式无疑是通过限定空间的方式、构成空间的元素和人对空间的认知方式综合形成的。建筑空间的形式是秩序作用于空间形式的外显部分，建筑空间形式是论及建筑秩序的一个重要方面。

1. 形式

在《牛津高级英语辞典》中，对形式的解释为："形式"是指某人或事物的外部形象；外形；某种具体配置或结构；某种存在或出现的状态；种类或多样化；乐曲或文学作品相对其内容而言的总体编排或结构等。

在《语言大典》中，"形式"对应的英语单词为"Form"，对形式的解释为：指表现出有清楚的轮廓、结构和条理的细节层次的外表；某物的样子和构造，区别于构成该物的材料；各种不同的组成成分（如供观赏艺术品的线条、色彩、体积，供听赏艺术品的和声、旋律、主题和细节）的相互结合和联系。

在《中国土木建筑百科辞典》中，对形式的解释为："形式"是指事物内在诸要素的结构、组织和存在方式；感觉现象的形式与之相联系的内容具有密切的关系；"形式"是内容的存在方式，是对象的表面现象，是对象能够为人所知觉的形状、尺寸、色彩、质感、声音等的复合体，不仅是其感觉现象统一关系的构成，同时还包括伴随知觉而在人内心唤起的想象直观形象。

从这些形式的基本概念中我们可以得出这样的结论：形式包含了至少三个层次的含义，首先是"事物内在诸要素的结构、组织和存在方式"；其次是诸要素的外在表象，如形状、光影、材质、色彩等；最后是人对这些外部表象的感知。形式是内容的必然载体，无论其承载何等内容，形式是自然创造法则包括人工创造所无法回避的，内容必然通过一定意义的形式，从而完成它的使命，所以对形式的理解和研究是正视客观世界的态度。

2. 空间形式

空间是无限的，这就给创造空间的空、虚形式增加了困难。要把空、虚变为可以感知的形象，首先必须进行物理性限定，通过限定，才能从无限中构成有限，使无形化为有形。空间形式的实质是对空间的限定，而围合空间的实体元素对空间形式的影响是第一位的。我们对空间形式的感受事实上依赖于这些元素，在我们未理性地认识到它们之前，它们已经影响了我们的感受。

3.2.1　形式的基本要素

建筑空间形式的构成要素包括实体构成要素和这些构成要素以何种形式出现。实体要素的构成包括点、线、面、体等基本形态，它们首先是概念性的要素，然后才是建筑设计语汇中的视觉要素。

1. 空间中的"点"要素

"点"是形式的原生要素，几何学上，"点"是一种看不见的实体，它表示在空间中的一个位置，是静态、无方向、集中的（图3-23）。它没有大小面积，也无法表示一条线的开始与结束，或是两条线相交及相接之处。而作为造型要素的"点"，则是被我们感知到的形

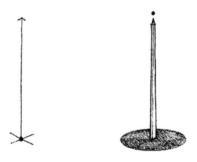

图 3-23　空间中的点要素

象，是具有一定大小面积和形状的一种具体形式。由点要素派生出来的实体，如一根柱子、塔、尖碑、球体等（图3-24）。一点是力量的中心，带有标志性和向心性（图3-25）；两点产生相互吸引的视觉力（图3-26）；三点暗示一条折线或一个隐藏的三角形空间，相互接近的

图 3-24　一个柱状要素，在平面上是被看作一个点的，保持着点的视觉特性

图 3-25　一个点没有量度，点在空间里或在地平面上如果要明显地标出位置，必须把点投影成一个垂直的线要素（圣马可大教堂门前广场）

图 3-26 在平面中，两个点可以用来
指示一个门道，这两个点升
起来限定入口的面，并垂直
于它的引道

图 3-27 木雕板内自由嵌入的点光源（燃锅餐厅）

点形成群体，此时点要素间产生吸引力而暗示消极的线与面。

"点"在空间中的排列方式一般可以概括为：

（1）散点式排列

以任意的方式设置点在空间中的位置，使得空间具有疏密变化，活泼而有节奏感（图 3-27）。

（2）螺旋式排列

让点沿着曲线的轨迹分布能够使空间产生韵律感和动感（图 3-28）。

图 3-28 成千上万个精心排布的圆点覆盖了室外的墙壁，极具冲击力

（3）点阵式排列

在空间中使点等距排列,能够产生强烈的秩序感（图 3-29、图 3-30、图 3-31、图 3-32、图 3-33 ）。

图 3-29　全白的空间以及墙上密集圆孔带来的光为冥想室营造了更为静谧的氛围（冥想工作室）

图 3-30　"篝火"空间装置

图 3-31　防滑减速坡道

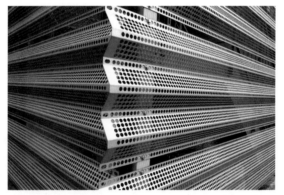

图 3-32　建筑立面的肌理表现（冲孔板）

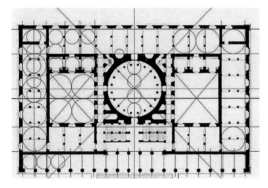

图 3-33　在建筑平面中,点起着疏通、阻隔、划分空间的作用（柏林旧博物馆）

2. 空间中的"线"要素

点延伸而成为一条线。一个点就其本性而言是静止的，而一条线则用来描述一个点的运动轨迹能够在视觉上表现出方向、运动和生长（图 3-34）。一条线的方向影响着它在视觉构成中所发挥的作用：一条垂直线可以表达一种与重力平衡的状态，表现人的状况，或者标识出空间中的一个位置；一条水平线，可以代表稳定性、地平面、地平线或者平躺的人体（图 3-35）；一条曲线是点运动时，方向连续变化所成的线（图 3-36），曲线大致又可以分为几何曲线和自由曲线两种形式。几何曲线规律性强，有圆、圆弧、抛物线等，有明确、清晰、易于制作

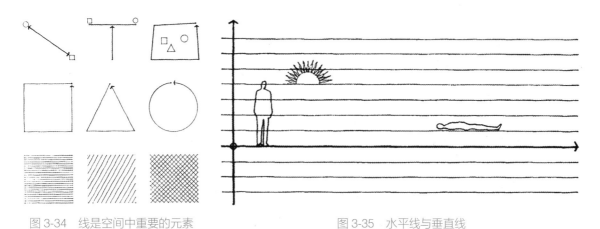

图 3-34 线是空间中重要的元素　　　　　图 3-35 水平线与垂直线

图 3-36 建筑形式也可以是曲线的（屋顶沙龙）

和识别的特性；具有弹性和富变化的自由曲线，表达一种有机生命形态的形式。即兴的自由曲线可展示个性化的特征，其线条很难被重复。

线在几何学中没有维度和体积，而在建筑形式的构成要素中，线是一个相对概念，可以有方向和体积，是一组线体，它们是决定一切形象的基本要素（图 3-37）。粗线比细线更能给人以强烈的视觉冲击，能快速抓住人的视线；细线总是比较温柔，给人以神秘感或者是距离感（图 3-38）。线的重复排列给人的视觉感受是具有节奏感的，无论线与线之间是等距排列还是不规则排列（图 3-39、图 3-40）。等距排列的线大多给人以整齐威严的感受（图 3-41），但也有例外，比如，色彩鲜亮等距排列的线，给人的感觉是整齐而又轻松（图 3-42）。

图 3-37   木造结构的直接表现

图 3-38   用光导纤维作为空间中的线要素，创造出萤火虫般的光辉

图 3-39   教堂内部成排的柱子能够形成富有节奏的空间韵律

图 3-40   庭院空间中形式多样的线要素

图 3-41   一排柱子支撑建筑物顶部形成半透明帘幕，即柱廊，是建筑面对城市空间的主要立面，用来限定事实上通透的空间（圣彼得广场）

图 3-42 荧光色垂直柱体加强了廊道空间的节奏感

3. 空间中的"面"要素

"空"因"间"的作用才构成"空间",所以讨论空间首先应该从最基本的空间之"间"的面谈起。老子所言及的"有之以为利,无之以为用",即说只有作为"利"的"有"存在之后,作为"用"的"无"才能得以体现。这一辩证思想将"无"的概念表述为"有中生无"或"无"是事物发展的动因,"无"不是虚无的,而是表达了相当积极的意义、功能、行为和可能的美学观念。所以可以将"面"视作空间形成的前提与基础,只有在它划分出的灵活空间之内,才能充分溶入其感受主体和环境背景,空间也才能完整地存在(图 3-43)。

在可见结构的造型中,面可以起到限定体积界限的作用。作为视觉艺术的建筑,专门处理形式和空间的三度体积问题(图 3-44、

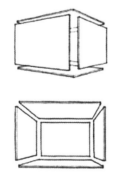
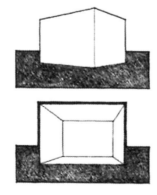

图 3-43 建筑中的面限定着体量与空间的三度容量。每个面的特性,如尺寸、形状、色彩、质感,还有面与面之间的空间关系,最终决定了这些面限定的形式所具有的视觉特征,以及这些面所围合的空间质量(空间中的"面"要素)

图 3-44 由不同形式的面划分的公共空间(天理车站广场)

图 3-45）。建筑中的面限定形式和空间的三度体积，每个面的属性(尺寸、形状、色彩、质感）以及它们之间的空间关系，最终决定这些面限定的形式所具有的视觉特征和它们所围起空间的质量（图 3-46、图 3-47、图 3-48）。

图 3-45　建筑曲面围合的外部空间（博物馆）

图 3-46　多彩的自由面限定了读者与阅读空间
　　　　朦胧的关系

图 3-47　解构天花和墙面形成令人炫目的多面阵列
　　　　（RACE 品牌体验店）

图 3-48　全开放空间模式，建筑立面通透的玻璃
　　　　最大程度提供人和周围环境之间的互动
　　　　（生态时代展馆）

空间的"面"可分为基面、墙面、顶面。在不同类型的空间中"面"的要素或许不完全，但这不会影响整体空间的形成，如在室内空间中三个要素是完整的，而室外空间中则偶尔用到"顶面"进行明确的限定。

（1）基面

"基面"承载着空间和其上的一切功能活动。用地的平面布局就是将用途落实在这个空间基面上，并且确立用途的相应领域和彼此间的关系。通过基面处理建立起的空间范围能轻易地被人突破，因为此时空间获得的限定性是暗示的，要借助于人的心理才能产生作用（图 3-49、图 3-50）。

图 3-49 地板面支持着我们在建筑之中的活动（体育综合设施内的道场）

图 3-50 地面对景观空间形式提供有形的支承和视觉上的基面
（社区公园地面的铺装）

（2）顶面

"顶面"在空间中起着覆盖的作用，顶面可以是屋顶面（建筑物对气候因素的首要保护条件），也可是顶棚面（建筑空间中的遮蔽构件）。顶面围合的形式、特点、高度及范围对它所限定出的空间可产生明显影响（图 3-51、图 3-52）。在景观空间中，面可用于空间界面的建立和处理，如由植物形成的空间可作为围合空间的手段（图 3-53）。

图 3-51 顶棚之下的灰空间
（根津美术馆）

图 3-52 薄壳结构表达出力分解的方式以及力传导到屋顶
支撑构件的途径（天津西站）

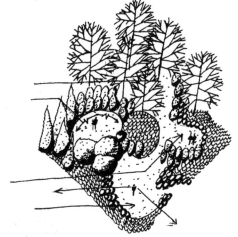

图 3-53 景观空间中植物的空间序列

（3）墙面

"墙面"的形式要素从视觉上建立起一个空间的竖向界面，它是空间的分隔者、屏障、挡板和背景。空间的三个面中垂直面是最显眼且最易控制的，是视觉处理和空间划分中最突出的因素，尤其在创造室外空间的过程中具有重要的作用（图 3-54、图 3-55）。

4. 空间中的体要素

"体"一定占据一个实际的空间位置，是由点、线、面要素发展而形成的，由体形式最终组合成建筑（图 3-55）。一个体可以是实体，即体量所置换的空间；也可以是虚空，即由面所包容或围起的空间（图

图 3-54 建筑物连续的立面形成了城市空间的墙
（圣马可广场）

图 3-55 实体和虚体梳理了空间结构，使得建筑体块开放的线条漂浮在空间中（住宅）

3-56）。形式是体基本的、可以辨认的特征。它是由面的形状和面之间的相互关系所决定的，这些面表示体的界限。

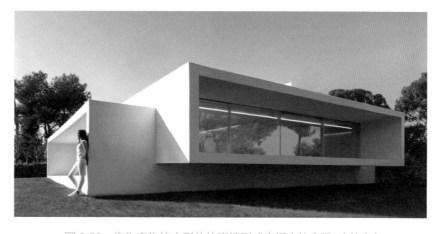

图 3-56 作为实物的方形体块穿插形成空间中的容积 （住宅）

所谓"体限空间"是指用具备三次元（长、宽、高）条件的实体限定空间的形式。块体没有线体和面体那样的轻巧、锐利和有张力感，但它给人的感觉是充实、稳重、结实、有分量，并能在一定程度上抵抗外界施加的力量，如冲击力、压力、拉力等。体的形态创造的空间是无限多的，如建筑内部单元体重复组合而构成的形体、建筑群落组合限定的空间等，都是人为创造的体限定间。

所有的"体"可以理解为由以下部分所组成：

（1）点（顶点），几个面在此相交。

（2）线（边缘），两面在此相交。

（3）面（表面），体的界限。

在建筑中，容积可以被看作空间的一部分，由墙体、地板、顶棚或屋面组成和限定，也可以看成一些空间被建筑体量所取代。意识到这种二元性是很重要的，特别是在阅读正统的平面、立面和剖面的时候。

　　体块在空间中的作用通常是为了构筑坚实的体量感。大的体量在空间中能够成为空间的视觉中心或者形成相对独立的空间；而小的体块能够起到点缀空间的作用（图 3-57）。

　　体块的组合、集聚、分割、切削、变形等是建筑造型的常见方法。组合、集聚是由个体组合成整体的方法，一种群化的方法（图 3-58）；分割是把完整的形体分割成体块的组合，使单一的形体变为多元的组合，可以把看上去宏大的建筑变得平易近人，使建筑形象大为改观；变形可以实现规则集合体形态的转换，从一种形式过渡到另一种形式的过程构成了新形态，并给人以变化运动的感觉。现代建筑中解构主义风格是综合运用这两种手法的典型代表（图 3-59）。

图 3-57　混凝土结构中央悬浮着一个白色大理石体块（墓园里的纪念堂）

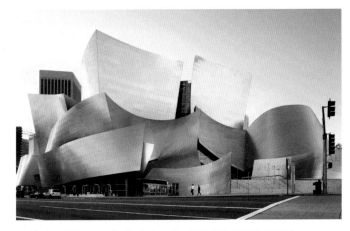

图 3-58　解构主义风格建筑（迪士尼音乐厅）

图 3-59　网格式白色立方体构造出校园空间节点（DEM 建筑能源信息中心）

3.2.2 形式的视觉属性

建筑的形状、质感、尺寸、位置、方位、色彩、视觉惯性、光与影的调节，所有视觉要素汇集在一起，能够表达空间的品质或精神。所有这些形式视觉属性，受到我们观察它们时所处条件的影响：我们的透视视觉或角度；我们与形体的距离；光照条件；围绕形体的视野范围。

1. 视觉感知

人的视觉具有辨别事物形状、深度、色彩和质感的能力，视觉是对空间感知最重要的途径。感知不同于感觉，其是一个积极的视觉过程。"大脑只对某些选择的视觉特征进行反应。毫无疑问，最初对大脑来说，这些被高度提炼出来的特征特别重要，同时那些不重要的特征被忽略掉了。"这个过程被定义为"视觉思维"，人的视觉具有"选择性""补足性"和"辨别性"。"选择性"表明，视觉感知能够积极选择所感兴趣的对象；"补足性"是把握对象的整体并能进行简单的分析；"辨别性"是人对象尽心区分和辨别的能力。

2. 视觉惯性

"视觉惯性"是一个形式的集中程度和稳定的程度，是由它的几何形式及它与地面和我们视线的相对关系所决定的。

3. 形状

"形状"是形式主要的可辨认特征，是一种形式表面和外轮廓的特定造型（图 3-60、图 3-61）。在建筑中，所涉及的形状有：围起空间的面（地板、墙面、顶棚）的形状；在一个空间围护物上洞口（窗和门）的形状；建筑形式的外轮廓。

（1）基本形状

观察任何一种形式的构图，都会有一种简化视野中主题的倾向，使之成为最简单、最有规则的形式，形式简单和有规则容易使人感知

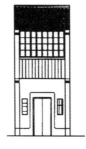
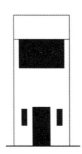

图 3-60 图与底之间的关系（圣彼得大教堂）

图 3-61 正要素与负要素之间的视觉作用（鲁宾之杯）

和理解。形状中最重要的基本形状是：圆、三角形、正方形（图3-62）。

①圆

圆是指一系列的点，围绕着一个点均等并均衡安排，是一个集中性、内向性的形状，通常在它所处的环境中是稳定的和以自我为中心的。把一个圆放在一个场所的中心，将增强它本身的自然集中性。把圆和直线及规则的形式结合起来，或者沿圆周设置一个要素，就可以在其中引起一种明显的旋转运动感（图3-63）。

②三角形

"三角形"是由三个边所限定的平面图形，并有三个角。三角形含有稳定的意味，当三角形的一个边保持水平时，它是极其稳定的图形。如果支着一个点立起来的时候，它既可以是处于一种不稳定状态的均衡，也可以是倾向于往一边倒的不稳定状态。

③正方形

"正方形"是有四个等边的平面图形，并且有四个直角。正方形代表一种纯粹性和合理性，是一种静态的、中性的形式，没有主导方向。所有的矩形，都可以看成正方形的变体，是常态下增加其高度或宽度变化而形成的。当正方形的一个边保持水平时，它是稳定的；当立在它的一个角上的时候，则具有动态。

（2）柏拉图立体

"柏拉图立体"是指由一种正多边形构成各面的体，被称为最有规律的立体结构，其具备以下特征：所有的面必须是规则多边形；所有

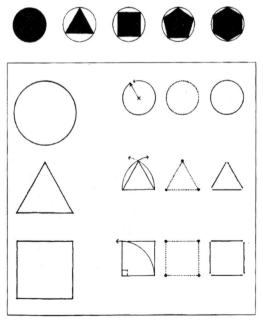

图3-62　形式中的基本形状

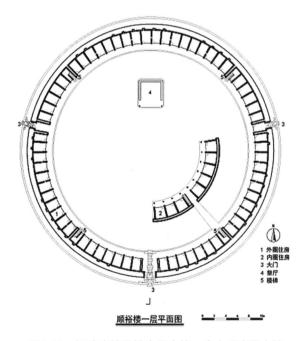

顺裕楼一层平面图

1 外圈住房
2 内圈住房
3 大门
4 祭厅
5 楼梯

图3-63　福建南靖县境内最大的一座内通廊圆土楼

的面必须大小和形状都相同；每一个角必须由相同数量的面结合而成。

基本形式可以展开演变成或者是旋转成清楚的、有规则的和容易认识的形式：圆形可以派生球和圆柱；三角形可以派生圆锥和棱锥；正方形可以派生立方体。

① 球体

"球体"是一个向心性的、高度集中性的形式，在它所处的环境中可以产生以自我为中心的感觉，通常呈稳定的状态。当它处于一个斜面上的时候，它可以朝一个方向倾斜运动。从任何视点上来看，它都保持圆形（图 3-64）。

图 3-64　牛顿纪念堂（Etienne-Louis Boullée）

② 圆柱体

"圆柱体"是一个以轴线呈向心性的形式，轴线是由两个圆的中心连线所限定的，它可以很容易地沿着此轴延长。当它停放在圆面上时，圆柱呈一种静态形式。当它的中轴倾斜时，就变成了一种不稳定的状态。例如,捷克的圣温塞斯拉斯（St. Wenceslas）教堂，建筑形式始于一个简单的圆柱体，它与基地完美地契合。圆也是一个神圣的符号，象征着天，与矩形所象征的尘世相对。建筑师还参考了捷克的守护神圣温塞斯拉斯时代的一座圆形大厅，在一个方形礼拜堂的周围建造圆形的外墙，然后遵循相同的比例建造了祭坛、入口和楼梯（图 3-65、图 3-66 ）。

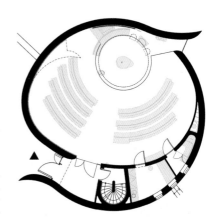

图 3-65　教堂地面层平面图（圣温塞斯拉斯教堂）

图 3-66　教堂内部空间，光从切口形成的窗户进入

③ 立方体

"立方体"是一个有棱角的形式，它有 6 个尺寸相等的面，并有 12 个等长的棱。它的几个量度相等，立方体缺乏明显的运动感或方向性，是一种静的形式。除了它立在一条边上或一只角上的情况，它都是一种稳定的形式。例如，法国的方盒子体育馆，建筑的空间体量刻意简化设计，一个 14 米宽、8 米高的矩形平行六面体建筑与现存体育馆在视觉上延续，但在建筑高度上却与其他建筑区别开来。（图 3-67）。

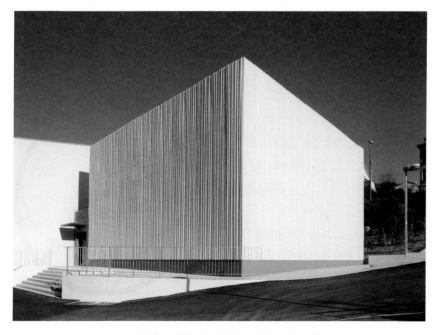

图 3-67　建筑独特的混凝土外表皮（方盒子体育馆）

（3）规则和不规则形式

"规则形式"是指这些形式的各个局部彼此之间的关系是以一种有秩序的方式来组成的，一般在性质上呈稳定状态，并以一条或多条轴线对称（图 3-68）。

"不规则形式"是指这些形式的各个局部在性质上都不相同，彼此之间的关系并不是前后一致地组织起来的。它们一般是不对称的，比规则形式更富有动态。它也可以是在规则的形式上减去不规则的要素后所形成的构图，或者是规则形式的不规则构图。

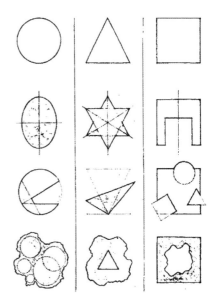

图 3-68 规则的和不规则的形式

在空间建造中既要涉及实体又要涉及虚空，规则形式可以保持在不规则形式之中，不规则形式也可以被规则形式围起来。主要有以下几种方式：

① 规则形式的规则构图

② 在规则地盘中的不规则形式

③ 不规则形式

④ 规则形式的一种不规则构图

⑤ 带有一种不规则构图的规则形式

4. 尺寸

"尺寸"是形式的实际量度，是它的长、宽和深。这些量度确定形式的比例。形式的尺度是由它的尺寸与周围其他形式的关系所决定的。

5. 尺度

空间的尺度会给人们带来第一位的体验，先于色彩和材料。良好的空间形式在我们的视觉环境中均有着近乎普遍的意义。恰当的建筑空间尺度意味着建筑物与建筑物、建筑物与环境、建筑物与人之间的关系不是孤立存在的。在讨论我们所处的建筑空间时，尺度是最重要的决定因素。

每一座建筑物总是存在自身尺度与人体尺度的关系，若将希腊神庙缩小到 1/2，就会成为一件玩具；若它膨胀一倍，则会成为新希腊主义无数产品中的一个。

"尺度"还有另一种含义，即建筑本身的相对比例关系及其所给予人们的印象。最主要的是剖面的长方形和平面长方形的相互关系，而人与这两个长方形的相互关系则是次要的。

6. 色彩

色彩是形式表面的色相、明度和色调彩度。色彩是与周围环境区别最清楚的一个属性。它也影响到形式的视觉质量。在各种视觉要素中，色彩是敏感的、最富表情的要素。色彩对人心灵的撼动是强烈的、戏剧性的，对人的生理、心理均有很大程度的影响。由于人的视觉对于色彩有着特殊的敏感性，因此色彩所产生的美感魅力往往更为直接。具有先声夺人力量的色彩是最能吸引目光的"诱饵"。例如，苏州博物馆的用色完全采用了传统的灰与白，这是一种策略，从心理学角度讲，人对色彩的记忆优先于对形体的记忆，虽然屋顶上用的并非灰瓦，而是没有抛光的黑色大理石，但仍然让人感受到江南建筑的韵味，室内稍微点缀了些暖色，淡黄色木制材料做成遮光格子，中和了冷色的天光（图3-69）。

7. 质感

"质感"是形式的表面特征，影响到形式表面的触感和反射光线的特性。例如，美秀美术馆厚重有层次的色彩，得益于淡黄色法国石灰岩的肌理（图3-70）。

此外，材质拼接成的图案是肌理的延伸，建筑少了这样的细节便会黯然失色。传统园林里的花街铺地虽然不是稀有材料，但简练精巧的图案使其显得十分高雅别致（图3-71）。

8. 位置

"位置"是形式与它的环境或视域有关的空间分布（图3-72）。

图3-69　传统的灰与白，表现出江南建筑的韵味

9. 方位

"方位"是形式与地面、指南针的方向和人观察形式的地位有关的位置（图 3-73）。

10. 光与影

"光"与"影"使空间的形式得以明确呈现，空间形式同时又塑造了光影的形态。在光与影的转折交界之处，强烈的光线与深沉的阴影互为对比，形状、体积、材料、体量、空间得以明确地显现。

光的明暗差异是光对空间分割与限定的基础。明与暗的边界形成了空间的边界，但这种边界比较模糊，具有确定性的特征。光对空间的限定多用不同亮度的光形成空间区域以界定、分隔空间的性质与大小，虽然其限定性比实体的分割和围合要弱，但光限定空间所提供的效果是其他方式所不具备的，其拥有柔和、模糊、出乎意料的美和特殊心理感受。光影所造成的明暗变化又是无限的，使得真实的空间形

图 3-70　入口大厅的 MAGNY DORE 洞石面层

图 3-71　花街铺地

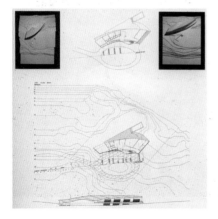

图 3-72　建筑与基地的关系

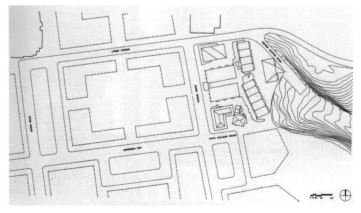

图 3-73　建筑与地面、指南针的方向

式因此而变得富有生机（图 3-74）。

　　光对空间界面的勾勒产生了空间的轮廓，从而限定了空间的范围。轮廓的清晰表述是用来描述物体形状的基本方式，也是空间围合的一种基本方法，一般情况下"空间"被认为是由周围和实体及中间的虚空组合而成，"界面"则是指空间围合体的实体部分。空间界面一旦被确定，空间的边界随即形成，空间便被赋予了固定的形态。当人们通过视觉来感受空间时，界面必须被光线所照亮，这是在形成实体围合空间中的一个必要方法，光为空间的限定提供了清晰明确的边界形态，并达到了围合空间的基本目的（图 3-75）。

　　阴影将建筑形体及元素以负相再现，它能给予建筑以深度，赋予空间以情境，协调环境于统一的明度、色调之中。光与影以自然中的形为媒介，随着光的变化，阴影也随之产生大小、方向、色彩及浓淡的变化，赋予建筑以生命的特征（图 3-76、图 3-77）。

　　柯布西耶将建筑比作一些搭配起来的体块在光线下辉煌、正确和聪明的表演。眼睛是用来观看光线下的各种形式，立方体、圆锥、球体、圆柱和方锥体是光线最善于显示的基本形式，明确、肯定而毫不含糊。柯布西耶设计的朗香教堂祭坛上方，充满戏剧性地在黑暗中将一道光线从上方引入。为了能够清晰地看到洒落下来的光，他特意将墙壁的水泥表面进行拉毛处理，从上部降落的光因此具有一种特殊的质感，像微小颗粒一样形成了垂直轴线，创造出一个空间的中心。而

图 3-74　强烈的光线与深沉的阴影互为对比

图 3-75　屋面钢架和格栅形成的光影
（苏州博物馆）

图 3-76 Masquerade 创意摄影工作室

图 3-77 建筑外立面的光影变化

南侧墙壁上大大小小、无定形的开口，开创了全新的采光形式，充满神秘感的侧光唤起了无数的形式隐喻（图 3-78）。

安藤忠雄设计的《光之教堂》也是光影要素在建筑设计中的典型范例。坚实厚重的清水混凝土形成绝对的围合空间，高大的黑暗空间使走进教堂的人瞬间感觉到与外界的隔绝。而在墙体的南端，阳光从水平和垂直交错的墙体开口里冲泄进来，形成了一个象征符号般的"光之十字"，光影在这样的空间中具有了神奇的塑形功能（图 3-79）。

11. 时间

人们在使用空间时总是按一定的顺序，继时性地流动体验。当由小空间进入大空间时，由于小空间的对比衬托，将会使大空间给人以更大的感觉。空间大与小、虚与实、开敞与封闭的适当对比，可以创造先抑后扬、小中见大和豁然开朗的空间效果。

图 3-78　采光窗提供了柔和的照明　　　　图 3-79　圣坛的光十字（光之教堂）
　　　　（朗香教堂）

形式所有这些视觉属性，受到我们观察它们时所处条件的影响：

（1）我们的透视视觉或角度。

（2）我们与形体的距离。

（3）光照条件。

（4）围绕形体的视野范围。

3.2.3　形式的变化

所有的其他形式都可以理解为柏拉图体的变形，这种变化是从处理它的量度中得到的，或者是由于要素的减少或增加而产生的。

1. 量度的变化

一种形式可以用改变一个或多个量度的方法来进行变化，同时，能保持形体的本性。例如，一个立方体，可以变化其高度、宽度或长度，使其变形为其他的棱柱形式；它也可以被压缩成一个面的形式，或者拉伸成线的形式（图 3-80）。

2. 削减的变化

一种形式，可以用削减其部分体积的方法来进行变化。根据不同的削减程度,形式可以保持它原来的本性，或者变化成其他种类的形式。例如，一个立方体被削掉一部分，它仍然保持其立方体的本性；它也可以慢慢削成一个接近球体的多面体（图 3-81）。

3. 增加的变化

一种形式，可以用增加其要素的方式来变化，这个增加过程的性质，将确定保持还是变化它原本的形式（图 3-82）。

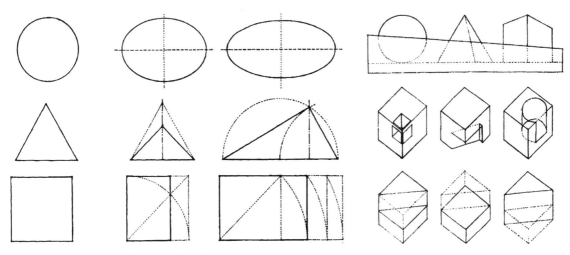

图 3-80 量度的变化　　　　　　　图 3-81 削减的形式

4. 几何形式的叠加

当几何形式不同或方位不同的两个形式彼此边界互相碰撞和相互贯穿的时候，形体将争夺视觉上的优势和主导地位（图 3-83）。

其可演化出下列形式：

（1）两种形式可能失掉它们各自的本性，合并到一起创造一种新的构图形式。

（2）这两种形式中的一个，可以将另一个完全容纳在它的体积之内。

（3）这两种形式可以保持它们各自的本性，并且共有它们相贯穿部分的体积。

（4）这两种形式可以分离开，并用第三要素联系起来，第三要素使之与原先形式之一的几何形式相呼应。

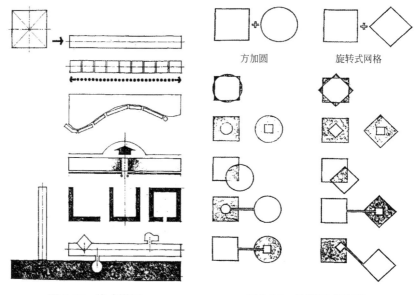

图 3-82 线式增加　　　　　　　图 3-83 几何形式的叠加

3.3 形式美的规律及法则

3.3.1 变化与统一

在一个统一的建筑群中，虽然单体建筑的具体形式可以千变万化，但是它们之间必须具有一种统一的、谐调一致的风格。所谓统一、谐调一致的风格，就是那种寓于个性之中的共性的东西。有了它犹如有了共同的血缘关系，于是各单体建筑之间就有了某种内在的联系，就可以产生共鸣，从而达到群体组合的统一。例如北京故宫，其规模之大和建筑形式变化之多，在世界建筑历史上都是极罕见的（图 3-84）。但是，由于采用程式化的营造做法、相同的建筑和装修材料、统一的结构构件、统一的色彩及质感处理，使得所有的建筑都严格地保持着统一的风格特征。

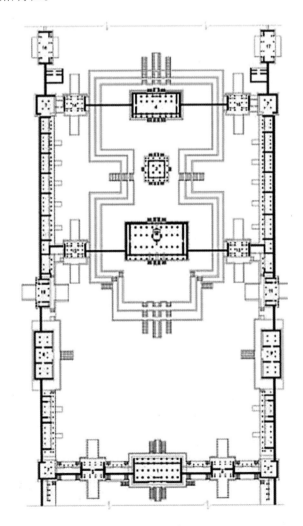

图 3-84　紫禁城三大殿平面图

3.3.2 对比与重复

在通往主体大空间的前部，有意识地安排一个极小或极低的空间，通过这种空间时，人们的视野被极度地压缩，一旦走进高大的主体空间，视野突然开阔，从而引起心理上的突变和情绪上的激动与振奋。如苏州网师园的景观视觉效果，以及其空间对比关系被形容为"开阖有度，动静适宜"（图3-85）。在音乐中，通常都是借某个旋律的一再重复而形成主题，这不仅不会让人感到单调，反而有助于整个乐曲的统一与和谐。

图 3-85 网师园剖面图、轴测图

建筑空间组合也是这样。只有把对比与重复这两种手法结合在一起使之相辅相成，才能获得好的效果。例如，对称的布局形式，凡对称都必然包含对比和重复这两个方面的因素。中国古代建筑家常把对称的格局称之为"排偶"。偶者，就是成双成对的意思，也就是两两重复地出现。重复地运用同一种空间形式，但并非以此形成一个统一的大空间，而是与其他空间互相交替、穿插地组合成为整体（如同廊子连接成整体），人们只有在连续行进的过程中，通过回忆才能感受到由于某一形式空间的重复出现，或重复与变化交替出现而产生的一种节奏感，这种感觉可称为空间的再现。简单地讲，空间的再现就是指相同的空间分散于各处或被分隔开来，人们不能一眼就看出它的重复性，而是通过逐一地展现，感受到它的重复性。

3.3.3 节奏与韵律

自然或生产中有许多事物和现象都是通过有规律地重复出现或有秩序地变化而构成群体或整体的。例如一年四季，寒暑轮回；山峦起伏，高低交替；水波荡漾，圈纹扩散等。这些事物或现象深刻影响着人们的思想和实践，人们逐渐地总结出了韵律与节奏美的规律。

　　拙政园的节奏跟诗词的韵律颇为相似，以中部为例图，入口是"引子"，入园之前必须穿越一条狭长的小巷，象征通往人间仙境的山洞。一进园门，迎面矗立的黄石假山挡住了视线，形成一个封闭的小空间。穿过山洞，远香堂和回廊又围合成一个半开放的空间，直到踏上堂北的平台才豁然开朗，园中景物尽收眼底，算是一个小高潮。由此向西至沧浪水院，是一系列欲放还收的小空间，左右景物安排紧凑，令人目不暇接，直至出了旱船，看到见山楼，视线才又一次开阔起来。从见山楼至梧竹幽居厅是片开放的空间，接着地势骤然升起，登上雪香云蔚，园中景色一览无余，再次掀起一个高潮。下山回到远香堂，向东转至枇杷园，在幽寂的封闭空间里步入"尾声"。整个游园过程空间序列收放有序，颇具韵律感（图 3-86）。

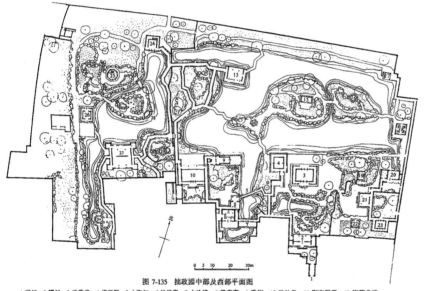

图 7-135　拙政园中部及西部平面图

1-园门　2-腰门　3-远香堂　4-倚玉轩　5-小飞虹　6-松风亭　7-小沧浪　8-得真亭　9-香洲　10-玉兰堂　11-别有洞天　12-柳荫曲路
13-见山楼　14-荷风四面亭　15-雪香云蔚亭　16-北山亭　17-绿漪亭　18-梧竹幽居　19-绣绮亭　20-海棠春坞　21-玲珑馆·22-嘉宝亭
23-听雨轩　24-倒影楼　25-浮翠阁　26-留听阁　27-三十六鸳鸯馆　28-与谁同坐轩　29-宜两亭　30-塔影亭

图 3-86　拙政园平面图

3.3.4　比例与尺度

　　比例与尺度是联系最为紧密的、形式美法则中的另一个要素，是构成和谐建筑空间必不可少的一个因素。如果说比例主要表现为各部分数量关系之比是相对的，可不涉及具体的尺寸，那么尺度则要涉及真实的大小和尺寸，能使我们产生对空间的感觉（图 3-87）。

　　历代建筑设计中建筑师们都希望建立起一个理想的比例准则，在这些准则中有著名的古希腊人建立的"黄金分割"原理，并且被设计

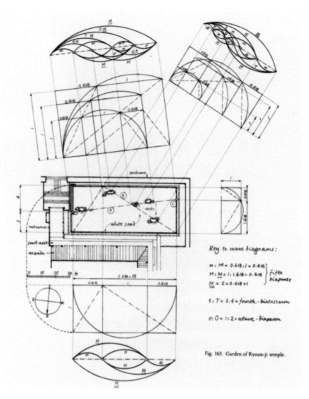

图 3-87　不见一点泥土，由圆形和椭圆形的小石子铺成，其上摆有 15 块岩石，
　　　　　无论从什么角度看，都会有 1 块被隐藏（矿石寺院，日本龙安寺）

师和数学家一直沿用作为对一般比例尺度的指导，现代主义大师勒·柯
布西耶在尺度和比例研究基础上发展了"模度"理论，他试图以人体
比例建立一套模数，使人能与建筑空间之间建立起一套和谐的比例关
系，令建筑具有一个人性基础。倡导充满生机的"有机建筑"理论的
赖特认为，人体的尺度是建筑的真正尺度（图 3-88）。

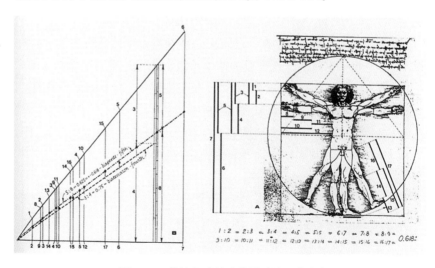

图 3-88　维特鲁威的人体图（达·芬奇）

3.4　推荐阅读

书名:《空间——从功能到形态》

作者:（日）原广司

内容简介:

本书由"均质空间论""关于部分和整体逻辑的再构建""边界论""空间图式论""从功能到形态""'非而非'与日本的空间传统"六个小论文构成。作者将"空间"以哲学思维进行阐述,描写了探索"空间"语言的旅程,提出全新的"场"的概念,以建筑学、数学及图形学为基础,以哲学为躯干,研究了 21 世纪建筑学的发展方向。

书名:《现代建筑的形式基础》/ *THE FORMAL BASIS OF MODERN ARCHITECTURE*

作者:（美）彼得·艾森曼

内容简介:

本书为彼得·埃森曼的博士论文。通过从内部向普适性理念提出质疑,揭露了现代建筑的根本性困局,进而迫使读者不汲汲于浅显易得的内容,而开始把关注点从图像化的建筑外观向下深入,深读建筑。像阅读文本一样阅读建筑,哪怕是不可避免地伴随着龃龉与支吾、繁复与缺漏、理屈与词穷,这无疑是批判性地破旧立新的第一步。埃森曼在知识论断裂的破晓写就此文,而此时此刻的我们也身负同等紧迫的任务。有鉴于此,今天的我们在阅读本书的时候,必应背负着一种责任感。

书名:《建筑构成手法》

作者:（日）小林克弘

内容简介:

《建筑构成手法》通过古今建筑史,特别是近现代建筑史上大量经典的建筑作品,讲述了建筑构成的基本手法,包括比例、几何体、对称、分解、深层与表层构成六部分内容。进行建筑设计时会有各种各样的构思,将这些构思以具体的形式或空间来表现时,必然以某种"构成"形式来体现。设计者所熟悉的构成手法越多,设计就越有意思。而且,在尝试采用新的构成手法时,首先要熟知以往的构成知识。

第4章　空间限定与组合

空间和形式要素的安排与组合，决定了建筑空间如何激发人们的积极性，引起反响以及表达某种含义。

所以，在我们所居世界的另一端，或许竟存在这样一种文化：它醉心于空间的秩序，却将万千存在之事物归于我们不能名、不能言、不能思的范畴。

——米歇尔·福柯，《词与物》(Michel Foucault, *The Order of things*)

4.1　单一空间

"单一空间"是构成空间最基本的单位，在分析功能与空间的关系时首先要从单一的空间范围或容积入手，探讨这些实体和空间的图案是如何影响所限定空间的视觉性质的。

4.1.1　限定空间的形式要素

限定空间的形式要素可分为水平要素和垂直要素，这些形式要素构成的图形，产生并限定特定空间类型。

1. 水平要素限定空间

"水平要素"在空间中主要是指：基面、顶面、各种升起的"台"、下沉的"池"。

（1）基面重合

基面：位于地面最基本的水平面，与地面存在着色彩和质感的差别，水平面界限的轮廓越清晰，它所限定的范围就越明确。

一个水平面作为一个图形重叠放在反差很大的背景上，就限定出一个简单的空间区域（图 4-1）。

（2）基面抬升

为了在视觉上加强基面所限定的空间范围，可以采用把基面的一部分升起的方式来达到。水平面抬升到地面以上，则会沿着水平面的边界生成若干个垂直表面。抬起的地平面可以是先前已存在的基地条件，或者也可以由人工构筑起来，在周围的环境中有意抬高一个建筑物，或者在景色中增强它的形象。基面的抬升在空间中用以体现神圣、庄严、开阔的景观视野（图 4-2）。

图 4-1　地面的处理，是内外场景间最微妙的过渡
（X-workingspace 办公空间）

图 4-2　抬起的基面创造神圣与庄严的空间（雅典卫城）

　　通过不同的地面高差创造出宽敞的使用体验，在视觉上强化了该区域与周围地面之间的分离感（图 4-3）。

　　一个抬高的平面可以在建筑室内和室外环境之间划定一个过渡性空间。抬高的基面与屋面相结合，发展成半私密性的门廊或通廊区域（图 4-4）。

　　（3）基面下沉

　　"基面下沉"是指水平面下沉到地面以下，利用下沉部分的垂直面来限定一个空间容积，明确和加强所限定的空间范围，比升起基面

图 4-3 抬升的空间与外部环境之间在空间与视觉上的连续程度取决于高程变化的尺度

图 4-4 基面的抬升限定了桂离宫室内和室外环境之间的过渡性空间

给人的空间感略强。下沉的空间具有内向性、保护性、宁静感。例如，河南洛阳附近的地下窑洞沉下去的庭院，可以用周围的体块来防护地表面上的风、噪声等，是地下空间空气、阳光的来源，并从这里可以看到开向它的地下空间（图 4-5）。

一旦原来的基面高出我们的视平面时，下沉区域本身会变成一个独立而特别的空间。当一个抬高的空间可以表现空间的外向性或空间的重要性时，低于其周围环境的下沉空间则暗示着空间的内向性或空间的庇护特点（图 4-6）。

例如，艺术家在地上挖了一个洞来给人以不同的视角。通过一个下沉的空间，人们可以强烈地意识到土地的存在。与此同时，"其他人"会看到"我"作为寻常景观中的一道独特风景正在亲身体验艺术（图 4-7）。

图 4-5　地下窑洞

图 4-6　用整块岩石雕凿而成的基督教堂
（拉利贝拉岩石教堂）

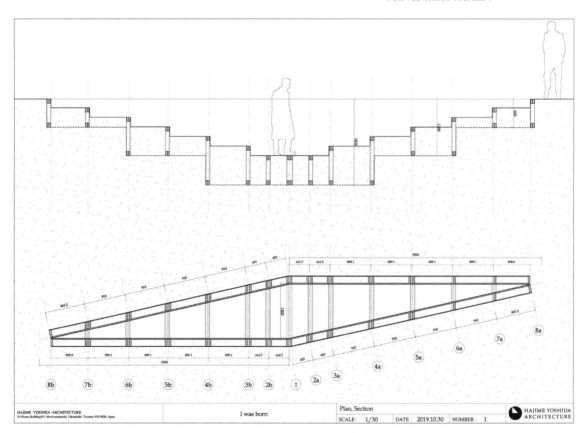

图 4-7　连接人与大地的下沉式艺术空间（"I was born"大地艺术装置）

（4）顶面

　　建筑物的主要顶部要素是它的顶面。顶面不仅可以保护建筑物的室内空间免受日晒和雨雪的侵袭，而且对于建筑物的总体形式以及塑造其空间具有主要影响。因此，顶面的形式取决于其结构体系的材料、几何形状、比例，以及结构体系将荷载穿越空间传到其支撑构件上的传力方式。

在空间设计中，顶面要素非常活跃。顶面可以在视觉上表现出其结构要素所构成的形式是如何分解受力并将荷载传到支撑体系上去的。例如，黎巴嫩的纸穹顶，建筑顶面在其本身和地面之间限定出一个空间区域，人们可以进入其内，感受空间、宁静和从穹顶上倾泻而下的光影。顶面形式取决于其结构体系的材料、几何形状与比例（图4-8、图4-9）。

图 4-8　顶面可以是建筑物主要的空间限定要素

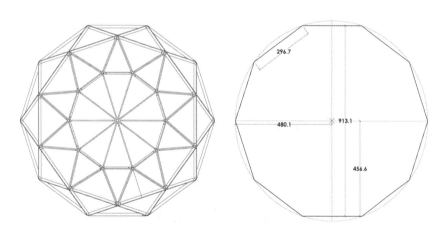

图 4-9　纸穹顶

"顶面"可以是建筑物主要的空间限定要素，并且在其遮风避雨的天棚下，组织一系列形式与空间。例如，美国得克萨斯州的凉亭，其深色的屋顶如同张开的飞翼一般，仿佛飘浮在橡树林之上，使空间具有方向性和方位感（图4-10）。

顶面的形式、色彩、质感和图案，也可以经过处理来改善一个空间中的光学特性，成为空间中一个活跃的视觉要素。例如，越南金兰国际机场的外部空间，由竹子和金属构成的遮阳结构与花池相结合，阴影与座位并不完全重合，顶面下的基面高程有明显的变化，使得所

图 4-10　La Grange 景观

限定的空间容积边界在视觉上得到加强。这种形式会带来一种持续的"错位感",它能够让使用者去主动寻找合适的位置,并且从这种"游戏性"中与场所建立互动关系（图 4-11）。

图 4-11　流线型的顶棚体量形成一个高度通透的空间（金兰国际机场户外空间）

　　顶面上限定良好的"负"区域或空间,比如天窗,可以被看作"正"形状,这些"正"形状形成了洞口下面的空间区域（图 4-12）。

　　2. 垂直要素限定空间

　　在空间中,垂直形体比水平面出现得更多,因此,更有助于限定一个离散的空间容积为其中的人们提供围合感与私密性。此外,垂直形体还用于把一个空间和另外一个空间分离开,在室内和室外环境之间形成一道公共边界。主要的限定有:直线线式要素、独立的垂直面、L 形面、平行面、U 形面,四个面闭合（图 4-13）。

图 4-12 MIT 小教堂

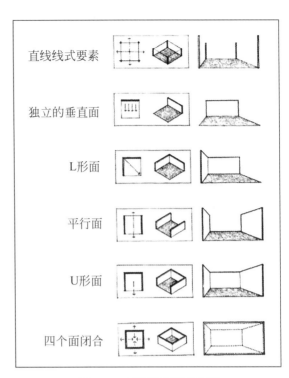

图 4-13 垂直要素限定空间

直线线式要素

独立的垂直面

L形面

平行面

U形面

四个面闭合

形体的垂直要素在构成建筑形式与空间方面发挥着重要作用，它们是楼板与层面的结构支撑，它们提供了遮风避雨的保护性场所，并有助于控制穿入建筑物室内的空气流、热量和噪声。

（1）直线线式要素

在东西方传统环境中，以柱子为代表的垂直要素已成为最具有象征意义的视觉元素。垂直的线式要素可以限定一个空间容积的垂边，通过两根柱子之间形成了一层透明的空间膜。三根或多根柱子可以用来限定空间容积的转角。这个空间的限定不需要大范围的空间背景，而只是涉及柱子本身。可以采用明确基面、在柱子之间搭上横梁或顶面以形成其上部边界的方法，从视觉上加强空间容积的边缘。沿空间周边设置重复的柱要素，将进一步加强对容积的限定。例如，苏州万科大湖公园的售楼中心，挑高 4.2m 的回廊空间，竖向的尺度将空间的线性感完美地体现。列柱除了起到支撑屋面结构作用之外，还可以清楚地表明可见空间区域的外轮廓，同时又能使这些空间很容易地与邻近空间相结合（图 4-14、图 4-15）。

一个垂直的线要素，如一根柱子、一座方尖碑或一座塔，它们在地面上确立一个点，而且在空间中令人注目（图 4-16）。一个笔直且细长的线要素孤立地竖直向上，除了引领人们通向其空间位置的轨迹外，是没有方向性的（图 4-17）。

图 4-14　直线线式要素：万科大湖公园

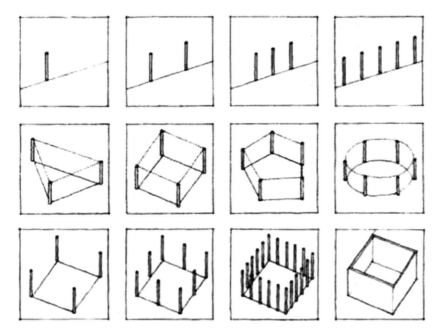

图 4-15　垂直的线要素

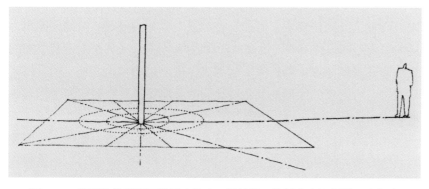

图 4-16　垂直的线要素可以用来终止一根轴线，为城市空间提供一个焦点

图 4-17 哈利法塔

  一系列间隔规整的柱子或类似的垂直要素形成的柱廊，在建筑设计语汇中，这种典型的要素有效地限定了空间容积的边界，同时在这类空间与其周围环境之间保持着视觉与空间的连续性。一排柱子也可以与墙结合成为支撑墙体的壁柱，明确地表达其表面调节柱间隔的尺度、韵律和比例（图 4-18 ~ 图 4-20 ）。

图 4-18 雅典卫城

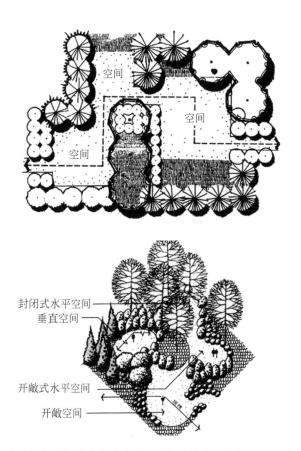

图 4-19　植物作为垂直要素以建筑方式构成和连接空间序列，从而限定各种空间

图 4-20　利用具有浓密树冠的遮阴树覆盖空间高度，能形成垂直尺度的强烈感受

（2）独立的垂直面

一个面并不能限定空间范围，为了限定空间体积，一个面必须和其他形式要素共同发挥作用。

一个与我们身高和视平面相关的垂直面高度，是一个关键因素，它影响到垂直面在视觉上表现空间的能力。当高度约 60cm 时，垂直面可以限定空间的区域边缘，但几乎不能提供围合感；当垂直面齐腰高时，就开始产生一种围合感，同时保持着和周围空间的视觉连续性；当这个垂直面接近人的视线高度时，就开始将一个空间与另一个空间分割开；当它超过我们的身高时，就打断了两个区域之间视觉与空间的连续性，并且提供了一种强烈的围护感（图 4-21）。

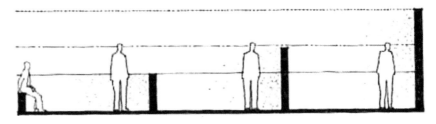

图 4-21 独立垂直面

垂直面的表面色彩、质感和图案，都会影响我们对其视觉重量、尺度和比例的感知（图 4-22、图 4-23）。

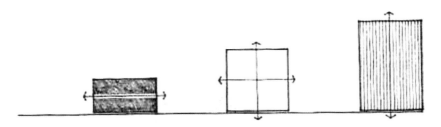

图 4-22 表面肌理

图 4-23 墙面上的垂直线条增强了建筑内部空间的尺度（秋叶原 UDX 动漫大楼）

当涉及限定的空间容积时，一个垂直面可以作为该空间的基本面，并使空间具有特定方向。它可以面对空间并限定一个进入该空间的面。它也可以是空间中的一个独立要素，把空间分成两个相分离而又有联系的地带（图4-24、图4-25）。

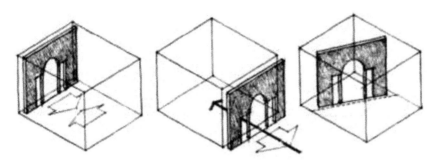

图4-24　独立的垂直面

图4-25　半透明材质的垂直隔断围合了休息区

一个独立的垂直面，能够限定一栋建筑物朝向公共空间的主立面，成为人们从中穿行的门道，同时也在一个更大的区域内明确不同的空间领域（图4-26）。

（3）L形面

L形的垂直面，从它的转角处沿对角线向外画定一个空间区域，在这一造型的转角处，该区域被强烈地限定和围起，而从转角处向外运动时，这个区域就迅速消散了。该区域在内角处呈内向性，其外缘

图4-26　巴黎凯旋门

则变成外向的（图 4-27）。

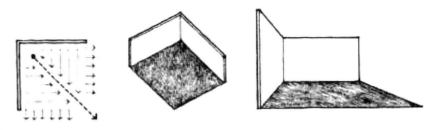

图 4-27 面的 L 形造型

具有 L 形造型的建筑，其造型的一臂可以是线式形体，并把转角合并到它的边界中去，而另一臂则可以当成附属体。或者，把转角表达为一个独立的要素，把两个线式形体连在一起（图 4-28）。

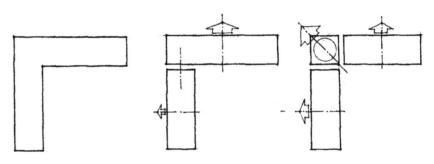

图 4-28 建筑形式可以具有 L 形造型

一座建筑物可以具有 L 形的造型，从而形成其基地的一个角，围起一片与室内空间相关的室外空间区域，或者挡住一部分室外空间，使其与周围不理想的条件隔离开（图 4-29）。

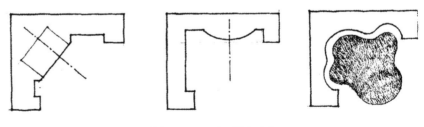

图 4-29 L 形面限定空间

面的 L 形造型是稳定的、互相支撑的，可以独立于空间之中。因为端头是开敞的，所以它们是灵活的空间限定要素。它们可以彼此结合，或者与其他形式要素相结合，限定各种富于变化的空间（图 4-30）。

在居住建筑实例中，L 形布局的好处在于它提供了一个私密的庭院，外部空间被建筑形体保护起来，并且建筑的室内空间可以与这个庭院直接发生联系，是一种积极的形式（图 4-31 ~ 图 4-33）。

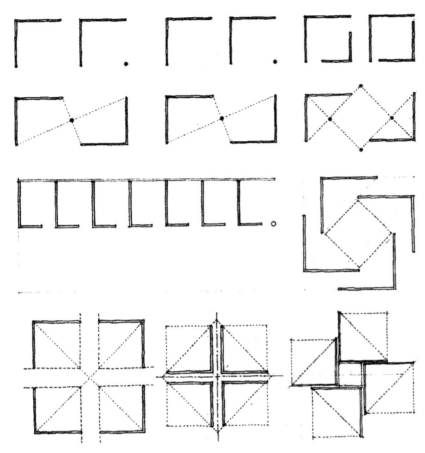

图 4-30　面的 L 形造型是稳定的、互相支撑的，可以独立于空间之中

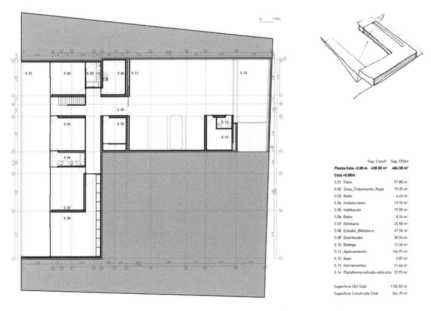

图 4-31　建筑呈 L 形，占据场地两侧（中庭住宅）

图 4-32　建筑呈 L 形，占据场地两侧（中庭住宅）

图 4-33　L 形的沙发布局将客厅隔离出会客区，并引导空间的分隔

（4）平行组合的垂直面

一个平行的垂直面，在它们之间限定出一个空间区域。该区域敞开的两端，是由面的垂直边缘形成的，赋予空间一种强烈的方向感。它的基本方向是沿着这两个面的对称轴。由于平行面不相交，不能形成交角，也不能完全包围这一区域，所以这个空间是外向性的（图 4-34）。

建筑中的各种要素，均可视为限定空间区域的平行面（图 4-35～图 4-38）：

①建筑内一对平行的内墙。

②两座相对的建筑物立面形成的街道空间。

③带有列柱的凉亭或藤架。

④路边是两排树木或绿篱的步道或小径。

⑤地景中的自然地形。

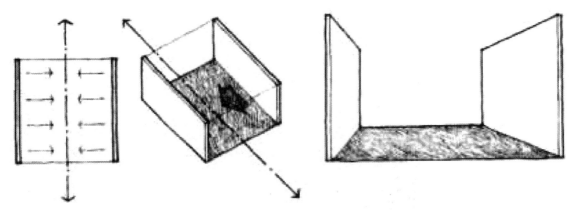

图 4-34 平行面限定空间

图 4-35 建筑内部空间中的平行面

图 4-36 建筑立面形成的街道空间

图 4-37 道路两侧的竹子限定步道

图 4-38 带有列柱的凉亭

由平行面所限定的方向性和空间流自然地表现在用于运动与流线的空间中，如城镇的大街小巷，这些线式空间可以由面向它的建筑立面来限定，也可以由比较通透的面，如柱廊或成排的树木来限定（图 4-39）。

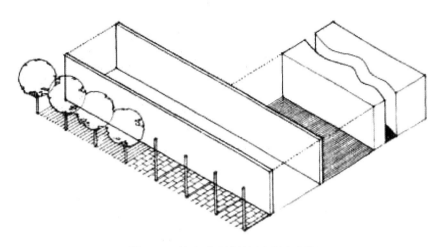

图 4-39　柱廊或成排的树木限定空间

（5）U 形面

垂直面的 U 形造型限定一个空间范围，它有一个内向的焦点，同时方向朝外。在造型的封闭端，该范围得到很好地界定。朝着造型的开放端，该区域变得具有外向性。

建筑形体的 U 形造型和组合，在围合与限定室外空间方面具有天然的能力。U 形的建筑形体也可以当作一个容器，在它所包含的空间范围内，可以组织空间群和形体组团（图 4-40～图 4-44）。

（6）四个面闭合

四个垂直面围绕一个空间区域，是建筑空间限定方式中最为典型

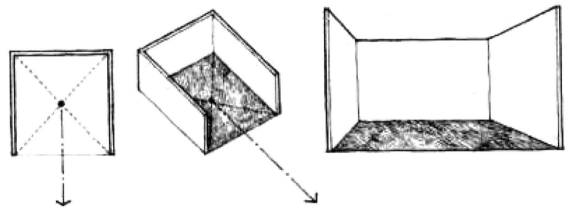

图 4-40　U 形面限定空间

图 4-41　一座六边形的环状建筑，三个半室外空间则分别面向不同风景
　　　　　（金陶村村民活动室）

图 4-42　带有拱廊的建筑入口

图 4-43　建筑外墙的 U 形壁龛

图 4-44　商店内的拱门长廊作为时尚展示区（TGY- 活动空间和多品牌商店）

的，也是限定作用最强的类型。由于该区域被完全地围合起来，所以它的空间自然是内向的。为了在一个空间中获得视觉上的支配地位，或者称为空间的主要立面，其中一个围合面可以在尺寸、形式、表面处理方式或开洞的种类等方面不同于其他面（图4-45）。

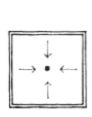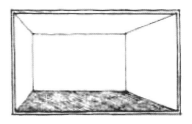

图4-45　四个面闭合

为了突出一个位于围合之中、作为目标的神圣建筑或重要建筑，四个面常被用来限定一个视觉范围或空间领域。用于围合的面可以是墙体或栅栏，它们可分离出一个区域，并把周围要素排除在这一区域之外（图4-46）。

图4-46　伊势神宫新旧殿鸟瞰

3. 水平要素与垂直要素结合限定空间

二者组合必然产生矩形空间，矩形空间是空间中最常见的形式，因其长、宽、高的比例不同，整个空间形状会产生很大的变化，不同形状的空间会使人产生不同的感受。

（1）窄而高的空间

因其竖向的方向性比较强烈，会使人产生向上的感觉，激发出兴奋、自豪、崇高和激昂的情绪。欧洲的许多古典教堂就很好地运用了这类空间的特性。

（2）细而长的空间

因其纵向的方向性比较强烈，可以给人以深远之感。这种空间诱导人们怀着一种期待和寻求的情绪，空间深度越大，这种期待和寻求的情绪就越强烈。这种空间具有引人入胜的特征，过道就属于这类空间。在过道的终端常设置一对装饰品，能更好地起到引人入胜之感。

（3）低而大的空间

可以使人产生开阔和博大的感觉，宴会大厅属于这种空间。但如果这种空间的高度与面积比过小，也会使人感到压抑和沉闷。

最典型的是四面和顶面都封闭起来，空间的围合性最强。例如，香港的 KUBE 多功能装置，既是自助服务亭、户外休息区，也是一个开放式的活动空间。建筑的主要部分为金色的立方体，立方体的阳极氧化铝表面会随着光照的不同而变换色彩（图 4-47）。

图 4-47　香港摩天大厦旁的"立方体"（KUBE 服务中心）

4. 水平要素与垂直要素合并限定空间

在实际空间设计中，大多数情况下可以轻易地分辨出水平要素与垂直要素，但也有不少的实例使人难以准确界定到底是水平要素还是垂直要素，这种情况就是水平要素与垂直要素的合并。斜坡顶、拱顶、穹隆顶、张膜顶以及充气顶都属于这一类。

在曲面类的水平要素与垂直要素的合并中，又可以分为两类：单曲面与双曲面。单曲面类包含如同飞机内舱的筒形曲面及其变异形态所构成的空间。而双曲面类则包含了如同鸡蛋壳的曲面及其变异形态所构成的空间（图 4-48、图 4-49）。

图 4-48　HOTO FUDO 面馆

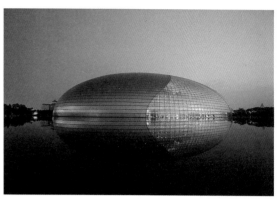

图 4-49　国家大剧院

4.1.2　空间要素上的开洞

在空间的围护结构上开洞，是决定其空间特性的一个主要因素。如果没有空间区域围合面上的开洞，那么在视觉上或空间上，与邻近空间的连续性都是不可能的。门提供了进入房间的入口，同时也决定了房间中的运动模式和功能；窗户让光线射入空间，照亮了房间的四壁，提供了从室内到室外的视野，在房间与邻近的空间中建立起视觉联系，并为空间提供自然通风。在提供与邻近空间连续性的同时，这些开洞也开始削弱空间的围合感（图 4-50）。

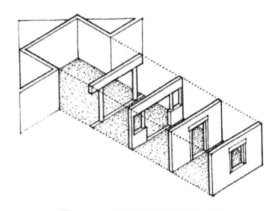

图 4-50　空间限定要素上的开洞

面上的洞口通常比周围的面更明亮，如果沿着洞口的边缘，亮度对比过于强烈，可以用来自室内空间的第二光源照射其表面，或者做成深陷的洞口。目的是在洞口与周围之间形成光亮的表面（图 4-51）。

建筑空间围护面之间的洞口，将从视觉上分离这些面，增加它们的相互独立性，随着这些洞口和尺寸的增加，空间便失去了原来的封闭感，变得向外扩散，并与围护面以外的空间进一步结合，成为内外交融的"流动空间"。例如，日本的听力残障人士之家，这些开口就是人类、植物、风、光、内外的多维度沟通渠道（图 4-52）。

图 4-51 下午 5 点的教堂南墙（朗香教堂）

图 4-52 若干的小窗口形成一个植物、光、风从内到
外的动态循环（听力残障人士之家）

4.2 多空间组合

空间设计的感染力不仅仅局限于人们静止地处在某个固定点上或从某个单一的空间之内来观赏它，而是贯穿于人们从连续行进的过程之中来感受它。一般的建筑物总是由许多空间组成的，按照这些空间的功能、相似性或运动轨迹，将它们相互联系起来。因此，我们需要进一步研究两三个或是更多空间的组合方式。

4.2.1 空间之间的基本关系

1. 空间内的空间

一个大空间可以在其容积之内包含一个小空间，两者之间很容易产生视觉及空间的连续性，但是被包含的小空间与室外环境的关系则取决于包在外面的大空间（图 4-53 ~ 图 4-55）。

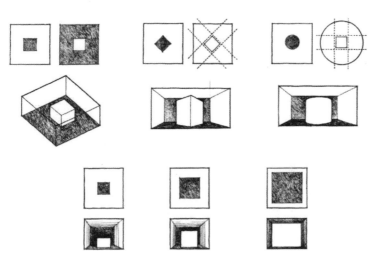

图 4-53 空间内的空间

图 4-54　空间中植入的方形体量重整空间功能（北京永恒胡同住宅）　图 4-55　置入空间的盒子成为视觉
主体（Tibbaut 复式住宅）

2. 穿插式空间

穿插式的空间关系来自两个空间区域的重叠，并且出现了一个共享的空间区域。两个空间的容积以这种方式穿插时，每个容积仍保持着它作为一个空间的可识别性和界限（图 4-56）。

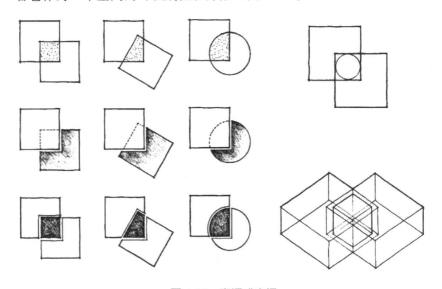

图 4-56　穿插式空间

两个穿插空间的最后造型：

（1）两个容积的穿插部分，可为各个空间同等共有。

（2）穿插部分可以与其中一个空间合并，而成为其整个容积的一部分。

（3）穿插部分可以作为一个空间自成一体，并用来连接原来的两个空间。

3. 并列式空间

两个空间并列是空间关系中最常见的形式。它让每个空间都能得到清楚的限定，并且以其自身方式回应特殊的功能要求或是象征意义。两个相邻空间之间在视觉和空间上的连续程度，取决于既将它们分开又把它们联系在一起的面的特点（图4-57）。

分隔面有以下作用：

（1）限制两个相邻空间的视觉连续和实体连续，增强每个空间的独立性，并调节二者间的差异；

（2）作为一个独立面设置在单一空间容积中；

（3）被表达为一排柱子，可使用空间之间具有高度的视觉连续性和空间连续性；

（4）通过两个空间之间高程的变化或表面材料以及表面纹理的对比来暗示。

4. 以公共空间连接的空间

相隔一定距离的两个空间，可以由第三个过渡空间来连接，在这种关系中，过渡空间的特征起着决定性的作用（图4-58）。

连接的空间有以下作用：

（1）过渡空间以及它所联系的两个空间，三者的形状和尺寸完全

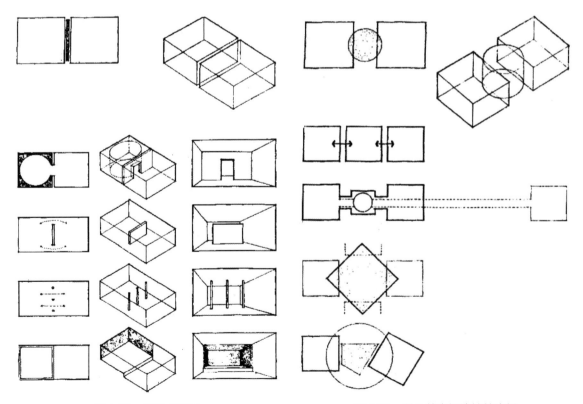

图4-57　邻接式空间　　　　　　　　　　图4-58　以公共空间连接的空间

相同，并形成一个线式的空间序列；

（2）过渡空间本身可以变成直线式，以联系两个相隔一定距离的空间，或者加入彼此之间没有直接关系的整个空间序列；

（3）当过渡空间足够大时，它可以成为这种空间关系中的主导空间，并能够在它的周围组织很多空间；

（4）过渡空间的形式可以是相互联系的两个空间之间的剩余空间，并完全取决于两个关联空间的形式和方位。

在两个大空间之间插进一个过渡性的空间（如过厅），它就能像音乐中的休止符或语言文字中的标点符号一样，使之段落分明并具有抑扬顿挫的节奏感。从结构方面讲，两个大空间之间往往在柱网的排列上需要保留适当的间隙来沉降缝或伸缩缝，巧妙地利用这些间隙而设置过渡性空间，可使结构体系的段落更加分明。

建筑物的内部空间总是和自然界的外部空间保持着互相连通的关系，当人们从外界进入建筑物的内部空间时，为了不致产生过分突然的感觉，也有必要在内、外之间插进一个过渡性的空间——门廊，从而通过它把人很自然地由室外引入室内。

4.2.2 空间的组合方式

空间组合就是依据一定的空间性质、功能要求、体量大小、交通路线等因素将空间进行有序的排列与组织，解决多个单一空间的关系问题。

1. 集中式组合

"集中式组合"（Centralized Organization）是由一定数量的次要空间围绕一个大的占主导地位的中心空间而构成的，是一种稳定的、向心式的空间构图形式。中心空间一般要有占统治性地位的尺度或突出的形式。次要空间的形式和尺度可以变化，以满足不同的功能与景观的要求（图 4-59）。

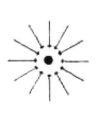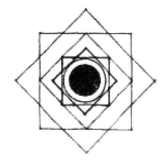

图 4-59　集中式组合，在一个居于中心的主导空间周围组织多个次要空间

在景观空间中，许多草坪空间的设计均遵循这种结构形式。以宾

夕法尼亚大学口袋公园的草坪空间为例，空旷的草坪中心空间的形成主要依靠空间尺度的对比，大尺度形成了统治性的主体空间。其他树丛之间以不太确定的限定形式形成小尺度的空间变化。集中式组合方式所产生的空间的向心性，将人的视线向丛植的树丛集中（图4-60、图4-61）。

图 4-60　宾夕法尼亚大学口袋公园　　图 4-61　集中式组合的植物景观空间

在美国纽约长岛南滨公园（Hunter's Point South Waterfront Park）的植物景观规划中，设计师以明确的圆形空间形态与林带间自然形态的空间形成了差别，圆形空间的尺度也占统治性地位，因而，空间的结构形式十分明确（图4-62）。

图 4-62　公园中的基础设施、景观、构筑物、生态走廊被一体化地统筹设计
　　　　（纽约长岛南滨公园生态景观）

2. 线式组合

"线式组合"（Linear Organization）指一系列的空间单元按照一定的方向排列连接，形成一种串联式的空间结构。可以由尺寸、形式和功能都相同的空间重复而构成，也可以用一个独立的线式空间将尺度、形式和功能不同的空间组合起来。线式组合的空间结构包含着一个空

间系列，表达方向性和运动感，可采用直线、折线等几何曲线，也可采用自然的曲线形式（图 4-63、图 4-64）。

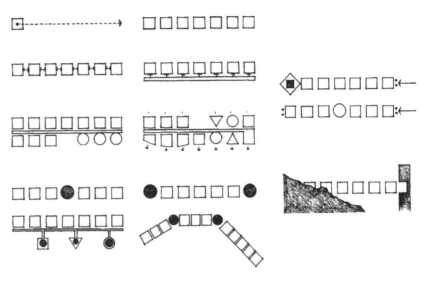

图 4-63　线式组合，重复空间的线式序列

图 4-64　休斯顿河湾绿道系统规划

3. 组团式组合

"组团式组合"（Clustered Organization）是指形式、大小、方位等因素有着共同视觉特征的各空间单元，组合成相对集中的空间整体。其组合结构类似细胞状的形式，通过具有共同的朝向和近似的空间形式紧密结合为一个整体的结构方式（图 4-65）。

与集中式不同的是没有占统治地位的中心空间，因而，缺乏空间

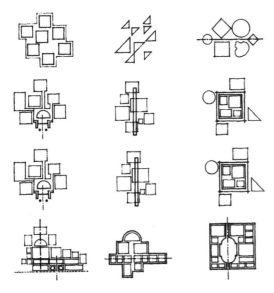

图 4-65　组团式组合，根据近似性、共同的视觉　　　图 4-66　七个建筑体量的新旧组合（松树林之间的住宅）
特性或共同的关系来组合空间

的向心性、紧密性和规则性。各组团的空间形式多样，没有明确的几何秩序，所以空间形态灵活多变，是空间组合中最常见的组合形式。由于组团式组合中缺乏中心，因此，必须通过各个组成部分空间的形式、朝向、尺度等组合来反映出一定的结构秩序和各自所具有的空间意义（图 4-66）。

4. 放射式组合

"放射式组合"（Radial Organization），综合了线式与集中式两种组合要素，由具有主导性的集中空间和由此放射外延的多个线性空间构成。放射式组合的中心空间要有一定的尺度和特殊的形式来体现其主导和中心地位（图 4-67）。

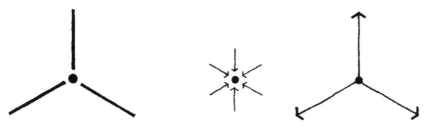

图 4-67　放射式组合，线式空间组合从一个中心空间以放射状扩展

在勒·诺特设计的丢勒里花园（The Tuileries Garden）中就采用了放射式空间组合的结构形式（图 4-68）。丢勒里花园的轴线可以一直通向远处的夏洛特（Chaillot）山丘。由黄杨组成的刺绣花坛、林荫路，以及位于中轴线上的圆形和八角形水池、宫殿前的平台都可以欣赏整个花园的景色。

图 4-68 丢勒里花园鸟瞰图

5. 网格式组合

"网格式组合"（Grid Organization）是指空间构成的形式和结构关系受控于一个网格系统，是一种重复的、模数化的空间结构形式。采用这种结构形式容易形成统一的构图秩序。当单元空间被削减、增加或重叠时，由于网格体系具有良好的可识别性，因此，使用网格式组合的空间在发生变化时不会丧失构图的整体结构。为了满足功能和形式变化的要求，网格结构可以在一个或两个方向上产生等级差异。网格的形式既可以中断而产生出构图的中心，也可以局部位移或旋转网格而形成变化（图 4-69、图 4-70）。

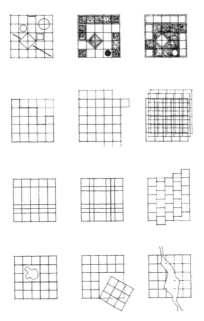

图 4-69 网格式组合，在结构网格的区域内或其他三度框架中组合的空间

图 4-70 建筑外墙网格式的黑色陶瓷砖和白色格子架（名古屋御园座综合体）

4.3 推荐阅读

书名:《词语与建筑物——现代建筑的语汇》/ *WORDS AND BUILDINGS: A Vocabulary of Modern Architecture*

作者: 阿德里安·福蒂（Adrian Forty）

内容简介:

"A riveting, immensely readable account of how words used freely in architectural discourse ... have changed their meaning and acquired new significance over the past century." (LA Architect)

其是一本用解构主义的方式去探讨现代主义的理论书籍。当我们谈论和写作关于建筑的时候，我们使用的语汇不仅仅是描述砖块和灰泥——它们指导我们思考和生活在建筑里的方式。这是一本开创性的书，它首次对建筑和语言作为复杂的社会实践之间的复杂关系进行了全面的研究，为更好地理解最近的建筑理论提供了一个非常好的指导。

书名:《建筑学教程 2：空间与建筑师》/ lessons in Architecture 2: *Space and the Architect*

作者: 赫曼·赫茨伯格（Herman Hertzberger）

内容简介:

"空间"是《建筑学教程 2：空间与建筑师》的核心议题，在最为广博的范围内将空间当作建筑师最重要的思维概念。今天的建筑主要是以项目设计为导向，当然这绝不是建筑的最终目标。我们总会下意识地将注意力从空间转移到构成空间的物质上，但事实上应该将更多的注意力放在事物之间的区域上，换句话说，是建筑之间或建筑内部墙体之间的空间更为重要。并且注意力应该特别集中于那些通常看不到的地方，也就是需要超越建筑师的陈规。

第5章 创造空间

自古以来，人类除了感知空间、存在于空间、思考空间，在空间中发生行为之外，还试图在现实世界形象中表现自己世界的结构，这就是"创造空间"。

空间是最奢华的东西，在建筑的名义下一些人能创造它给另一些人。

——丹尼斯·拉斯顿爵士（Sir Denys Lasdun）[1]，1997

5.1 多思维的拓展

思维跨越没有界限，创新才永无止境。空间性的思维和意识是一个人的本能，而后天的训练则是对这种能力的发掘。空间发生在我们生活的各种角落，不管我们是否主动去理会，在我们所从事的艺术创作活动中，不可避免地会与空间发生联系。如何理解创作的规律？这需要一个完整的美学架构来支持。为了搭建每个人独立的美学框架，作为理解的基础，空间所体现出来的各种关系一如既往地存在，就如同"大建筑"中"空间"的作用一样。贝聿铭先生作为世界知名建筑设计师，其有一句名言以告知后辈年轻设计师："不要去做设计高手，只去做综合素质高手！知识涉猎不一定专，但一定要广！"他很好地诠释了当下设计的精髓，即把握多元化的元素因子，并加以融合创作。

拓展的思维是探讨的延伸。我们所处的自然世界蕴藏了丰富的艺术源泉，面对这些丰富的资源，通过自身独立而有效的感悟和提炼，可以更好地融汇我们所学的知识，帮助我们建立一个属于自己的知识结构体系以理解事物和规律。在我们观察一种事物的时候，须灵活地变换视角来看待它，它的形式、它的内容以及两者不可预知的延伸性，在不同角度的观察与交流中，同一事物会带给我们不同的启发。这个过程既具有针对客体的思维发散性，又包含了主体意识的主观能动性。擅于用不同的思维视角观察相同的对象，是我们中的某些人所具有的本能，这是一种思维的灵活和跳跃性的表现。在学习中将这种本能释放出来，并锻炼自己能更好地把握思维脉络与所解决问题的目标一致性，这对于空间创造力的发掘有很大的助推作用。

[1] 丹尼斯·拉斯顿爵士（Sir Denys Lasdun），英国建筑界的资深政治家之一。

5.1.1 空间与绘画

绘画所形成的空间是比较复杂的。绘画空间具有非物质性，是一种纯主观的体验。这种空间依赖于人的意识而存在，是通过虚幻的形状相互平衡而达到的心理感受，必须通过人们的视觉感知方式加以认识和把握，可以说是一种空间感，而不是实存的空间。从视觉角度来说，作为二度空间的绘画空间是客观存在的，但对于现实而言它是模拟的，从逻辑的角度来说它又是接近真实的。

中国绘画以点和线塑造山水、花草、飞禽、走兽、怪石等景物的形态，重在对景物的表现。在对景物具体细节的处理上，以皴线和轮廓线条表现景物的结构，以线条与点的浓淡、重叠表现景物的纵深，以线条的疏密和留白表现景物的明暗。例如，五代时期画家董源[2]所绘的《潇湘图》，通过轮廓线描绘出山体的走势，用排列有序的点与皴线刻画出山体结构；以短线条和淡点描绘远景，以长线条和浓点描绘近景，表现出山体的纵深；运用线条组合的稀疏描绘出山体的明暗对比以及空气的湿度，使整个画面表现出一种氤氲弥漫的空间效果（图 5-1）。再如，北宋画家张择端[3]所绘的《清明上河图》，画面构图采用鸟瞰式全景法，真实而又集中地概括描绘了当时汴京东南城角这一典型的区域。作者用传统的手卷形式，采取"散点透视法"组织画面。画面长而不冗，繁而不乱，严密紧凑，如一气呵成。画中所摄取的景物，大至寂静的原野、浩瀚的河流、高耸的城郭，小到舟车里的人物、贩摊上的陈设货物、市招上的文字，丝毫不失。在多达 500 余人物的画面中，穿插着各种情节，组织得有条不紊，同时又具有情趣（图 5-2）。

受空间观念的影响，特别是在欧几里德的静止的、几何空间观念的影响下，西方传统绘画所体现出的是一种静止的、客观物理化的空

[2] 董源，又名董元，字叔达。
五代南唐画家，南派山水画
开山鼻祖。

[3] 张择端，字正道，北宋绘画
大师。

图 5-1 《潇湘图》被画史视为"南派"山水的开山之作，也是中国山水画史上代表性作品之一

图 5-2 《清明上河图》全卷画面内容丰富生动，集中、概括地再现了 12 世纪北宋全盛时期都城汴京的生活面貌

间意识。画家在绘画中以静止的视点如实地描摹客观对象，通过"焦点透视"，在固定的位置静眼观看，摹仿和再现现实空间的"瞬间"。例如，意大利文艺复兴时期的杰出画家拉斐尔[4]的《基督变容》就是把一瞬间的场景展现出来，画家在表现中排除了时间因素的干扰，专注于对真实空间幻象的营造（图 5-3）。再如他的《雅典学院》，以焦点透视中的平行透视来构成画面，画面空间是一个固定位置上的视点所观察到的景物，其中的人物和建筑依照视点的距离形成大小、明暗关系（图 5-4）。

图 5-3 《基督变容》中特定的瞬间展现

[4] 拉斐尔·桑西（Raffaello Santi），意大利著名画家"文艺复兴三杰"之一。

图 5-4 《雅典学院》的画面空间是在一个固定位置上的视点所观察的景物

5.1.2　空间与摄影

　　空间是地理的、历史的和想象的。在摄影中，空间是记录和证言，是解释和变形[5]。空间本身所具有的虚实关系，以及空间在光线的作用下所具有的明暗层次特性，包括了空气、温度、湿度和水等一系列的自然因素。太阳光可以澄清空间中的形体或使其失真，光把天空和季节中变化的色彩传送到它所照亮的形体与表面上。摄影作品的千变万化使得环境设计变得风情万种，每一幅作品都会给这个空间赋予个性化的一面。例如，温哥华摄影师 Vishal Marapon 的一组城市建筑摄影作品，展示了在不同场所和建筑中多彩而富有建筑性的图案，其可以简单地概括为光线、形状、色彩与形式（图 5-5）。再如，美籍日裔摄影师石元泰博的作品在黑白摄影里，桂离宫被分割成只由灰色色调组成的平面图案线条。通过表达细节，通常是抽象的组合——线条组织表面结构，纹理填充结构之间的空间（图 5-6）。

[5] 引自：Walter Guadagnini and Giovanna Giovanna Calvenzi. Gabriele Basilico: I listen to Your Heart, city[M]. Milan: Skira, 2016.

图 5-5　空间与摄影：空间融入城市风景影像是一个自然发生的过程

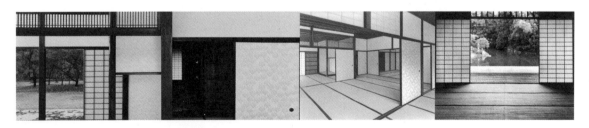

图 5-6　包豪斯建筑的简洁线条之美与日式建筑的阴翳审美间碰撞出的独特韵味
（空间、线条、材料、质感、光影，氛围）

5.1.3　空间与戏剧

　　在戏剧活动中，不同的空间形式及其特点会对表演的风格产生重要的影响。例如，古希腊戏剧"夸张"的表演，小剧场戏剧细腻、自然的"无痕迹表演"，还有观众高度参与时的"间离"表演。导演作为演出艺术创作的核心，需要从演出的整体效果考虑，选择镜框舞台或其他各种形式的空间，并采取适当的表演形式；同时，利用空间来与观众达成或者"旁观"或者"参与"的契约，特别是在后者的情况中。而在演出中，导演通过各种舞美手段塑造的，不论是再现性的，还是表现性的空间，都可以被用来揭示作品的思想内涵，反映角色的精神世界，体现社会生活的本质。而通过导演的巧妙构思，可以在揭示审美意象、呈现心理空间的过程中，使空间在演出艺术中发挥独特的"语言"作用。

安藤忠雄[6]在戏剧《沃伊采克》[7]舞台布景中设计独特的混泥土墙，是他的建筑语汇在舞台上的最大化诠释——"光"永远是一种把空间戏剧化的重要元素（图 5-7、图 5-8）。他用暗灰色水泥墙来构筑这个城市的符号，围合生成一个狭小几乎闷气的空间，减去了他一向诗意的水泥墙体结构，演员看上去像在一个死灰的水泥盒子里，同时演员也身穿单色暗沉的衣服，配合整个灰暗气氛，是叙事空间的"空"与"有"的展示（图 5-9）。

图 5-7　"光之教堂"手稿

引用莎士比亚的一句话："我即使被关在果壳之中，仍自以为无限空间之王。"[8] 其也说明了戏剧中空间的重要性。

[6] 安藤忠雄，日本著名建筑师，1995 年获得普利兹克奖。

[7] 德国剧作家格奥尔格·毕希纳（Georg Büchner）的《沃伊采克》，改编自真实的刑事案例，是世界文坛一部伟大的戏剧作品。

[8] 莎士比亚:《哈姆雷特》。

图 5-8　教堂内部空间

图 5-9《沃伊采克》演出剧照

5.1.4　空间与电影

电影集时间艺术、空间艺术、造型艺术、音乐艺术、文学艺术为一体，是具有综合性特征的艺术门类。电影可以轻而易举地把过去、现在、未来的时间浓缩成一部影像，也能上天入地、四通八达，把各类空间囊括而进，通过声画一体的录影把浩瀚场景一一再现。在电影中，空间是个相当重要的因素。电影空间类型主要存在地理空间、历史空间、精神空间、虚空间四个维度。

路易斯·贾内梯[9]在《认识电影》[10]中更为细致地把对空间的研究结合到电影画面的场面调度里，讨论什么样的空间效果会导致什么样的叙事效果等。我们往往因为台词与动作而忽略了建筑空间存在的意义，但其实它们可以表达的含义有很多：从最简单的交代故事环境与背景，到隐喻一段关系或现实意义。例如，韩国获奖影片《寄生虫》[11]的建筑是一个极具层次性的空间，角色能够通过不同的路径，达到窥视、偷听的效果，正是这样的空间感，建造了不同阶级角色之间监视与躲藏的相对关系。同时，光影、色彩、材质等空间元素也极大程度地渲染了场景氛围。这里的建筑空间是为剧情、为拍摄服务的，表达了影片中两个生存空间的连接（图 5-10）。

图 5-10　电影《寄生虫》的空间隐喻：半地下室逼仄的空间给人压抑窒息之感，大面积的绿植与庭院彰显了上流阶级的实力雄厚，这种极端差异的空间场景，打造了阶级生存境遇

5.1.5　空间与美食

Nendo[12]在日本设计界非常有名，它的创始人是一位地道的建筑师。其作品《建筑巧克力》罗列了 9 块 26mm 见方的巧克力，同样的空间内出现 9 种不同的形状，有六边形、切角状、三角形等（图 5-11）。在 26mm×26mm×26mm 的尺度中采用了阵列、镂空、切割等各种建筑构成手法。9 块不同造型的巧克力呈现完全不同的结构与肌理，或纤细薄脆，或夯实丰盈，虽然为同一原料制成，入口的口感却大相径庭（图 5-12、图 5-13、图 5-14），是建筑与美食融合的跨界创新。

[9] 路易斯·贾内梯（Louis Giannetti），美国著名电影理论家和影评人。

[10] 电影入门书中的经典之作。

[11] 该片获得第 72 届戛纳国际电影节金棕榈奖。

[12] 佐藤大和 Nendo 公司的作品让我们看到了日本当代设计追求简洁、功能性的设计美学。

图 5-11　结构决定口感：多样的式样和
　　　　独特的纹理

图 5-12　14 个小立方体

图 5-13　一个个细管结构

图 5-14　形体的削减

5.1.6　空间与生活

很多生活中可能习以为常的物品，其实会带给我们无限的启发。从城市的轮廓和空间到细微的钟表结构，我们观察的对象以各种尺度现实存在着。建筑其实无处不在，只要我们能抛开事物存在的既定背景，就能明白这一点。就好像我们的祖先能想到用木头造房子、以山洞做居所一样，不能因为现在我们生活在城市的钢筋水泥里，就认定建筑只能有一种形式，而要用建筑的眼光来看我们日常生活中的每一样东西，然后重新去定义人和空间的存在方式。藤本壮介[13] 经常用"原始"形容自己的作品，他把建筑实践看成是探索世界和人道的一种方式（图 5-15）。

有效的思维锻炼，来源于真实的兴趣。这个锻炼的过程是一个自我调整和自我努力的意识过程，不是一种被动的过程，也不是被人用"虚假"的兴趣所引诱的学习过程。有效地进行思维锻炼往往带来兴趣的愉悦感，而这种愉快的感觉，又往往是聚精会神于活动本身。因此我们知道，关于空间的兴趣一定要发生于空间形式之中，而不能发生在空间本身之外。当我们在讨论和理解"开放与封闭"这样简单的空间关系时，无须去了解门和墙体的材料构造知识，更无须知晓彩色涂料能带来怎样的奇特效果，我们的思维空间要被限定在兴趣的领域之中，从而才能将思维锻炼在深度和广度上同时推进。

[13] 藤本壮介（Sou Fujimoto），日本新生代最有才华的建筑师之一。

图 5-15　"藤本壮介展 / 未来之未来"——用建筑的眼光来看我们日常生活中的每一样东西

5.2　空间形态的构想与创意

5.2.1　材质表现

材料表述了一种空间语义，并赋予空间获得生命的机会。不论是金属、玻璃、混凝土，或是更加全新的材料都应该具有解释这些建筑形式的功能。梁思成先生说："凡一座建筑物皆因其材料而产生其结构法，更因此结构而产生其形式上之特征。"可见，材料作为空间设计的物质载体具有不可忽视的作用。不同的材料具有不同的视觉特性和物理化学特性，在探寻空间形态时须对材料的特性做深入了解。

1. 材质质感

"质感"包括两个不同层次的概念：一是质感的形式要素"肌理"，即材料表面的几何细部特征；二是质感的内容要素"质地"，即材料表面的理化类别特征。质感包括两个基本属性：一是生理属性，即材料表面作用于人的触觉和视觉系统的刺激性信息，如软硬、粗细、冷暖、凹凸、干湿等；二是物理属性，即材料表面传达给人知觉系统的意义信息，也就是材料的类别、性质、机能、功能等。肌理是由于材料表面的排列、组织构造不同，使人得到触觉质感和视觉质感。或者说，"肌理"指的是物体表面的组织构造。"触觉质感"又称"触觉肌理"，它不仅能产生视觉感受，还能通过触觉感受到。如材料表面的凹凸、粗细等。"视觉质感"又称"视觉肌理"，这种肌理只能依靠视觉才能感受到。如砖石的表面，木纹、纸面印刷的图案及文字等。肌理这种物体表面的组织构造，具体入微地反映出不同物体的材质差异，它是物质的表现形式之一，体现出材料的个性和特征，是质感美的表现（图 5-16）。

空间中的装饰材料除了具有各种物理性能、化学性能外，其质地主要取决于肌理，材质的质感不仅通过视觉反映，还会通过触觉来反映。比如，大理石的质地相对于花岗岩来说较软，它的纹理疏密均衡、色彩多样，形状的方向性和连续性使得其装饰性非常强，常被运

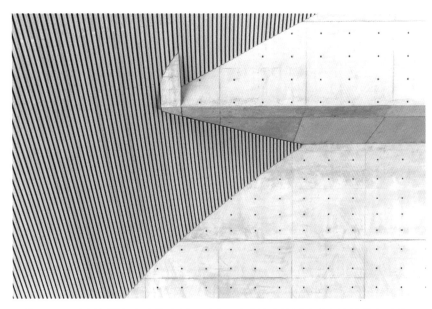

图 5-16　木材与混凝土交错穿插，形成了丰富的空间层次（上海保利大剧院，安藤忠雄）

用于空间的地面和墙面；金属材料具有现代感，常被运用于空间构造物的装饰上；织物由于其触感柔软舒适，可塑性强，且其图案色彩的丰富性也是其他材料所无法比拟的，因此也常被用于空间内（图 5-17、图 5-18）。

2. 材质形态

材质的形态大致分为自然形态和人为形态。通常情况下，材质自身不具备影响空间构建和组合的能力。但材质形态的区别变化会给人带来不同的心理感受，从而具有某种特殊象征意义（图 5-19）。空间也会在不同材质的诠释下，表现出不同的视觉语言（图 5-20）。

图 5-17　吧台铺设着红色、棕色和金色的瓷砖，立面悬挂的纺织品可以移动、调整，进而形成一个私密的活动空间（LocHal 图书馆）

图 5-18　一种当地传统的工艺。材料本身的色彩变化讲述着日晒的时长，颜色深浅可以很方便地帮助人们辨别方向（圣本尼迪克特教堂，彼得·卒姆托）

图 5-19　棱锥形的玻璃顶棚结合线型的木材，丰富了空间的光影层次感（苏州博物馆）

图 5-20　人工与自然两种不同形态（圣本尼迪克特教堂）

3. 环保新材

"环保"这一理念的诞生，并不是人们的心血来潮，而是面对资源枯竭这一问题的深度思考。由于天然原料资源的减少，我们必须开始比以往任何时候都更多地将废物视为一种新的资源，而不是产品生命的终结。

（1）回收塑料地砖

其是由被消费后的塑料垃圾制成的。将塑料袋回收后按颜色将其进行分类，而后经过高温处理，待变形后再与天然岩石相结合，加工成一种拥有岩石性质的聚合物质。处理后的塑料呈现出不规则的形态，与石块融为一体，拥有独特的自然美感，这种新产品可用于室内。其成品正在寻求建筑内部的应用（图 5-21、图 5-22）。

（2）回收废旧金属釉料

金属是不可再生资源，同时，开采金属会影响空气、水质和生态环境。而废旧金属在着色方面有巨大的潜力。金属废料呈污泥状，必须经过相应的干燥、研磨和筛选等制备过程方可用于制作颜料。令人惊奇的是，原材料的污染越严重，所得到的色泽越有生机。可将饮用水处理厂和土壤修复公司这些行业所产生的金属废料重新整合为有价值的新产品（图 5-23、图 5-24）。

（3）棕榈叶皮革

这种皮革是将自然掉落的棕榈叶收集后，浸泡在特殊的生物软化液中，几天后，这种材料被永久地改变性质，变得柔软而灵活，然后在常规机器上进行加工制成的。全过程天然可降解。传统皮革，织

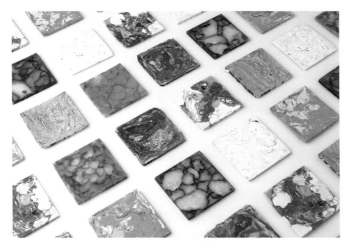

图 5-21 回收塑料地砖

图 5-22 回收材料被用于室内

图 5-23 废旧金属釉料

图 5-24 从金属废料中回收而来的有色瓷砖

物的生产制作会消耗大量的水，而棕榈叶皮革，每生产 1 平方米至多消耗 20 升水。成品可以用作地毯与墙体饰面（图 5-25）。

（4）气凝胶基石膏

它是最好的绝缘体，也是最轻的固体。气凝胶因其酷感的外观而被称为"冷冻烟雾"，它的绝缘性能是目前所使用的

图 5-25 棕榈叶皮革

绝缘漆的两倍。它能够直接覆在砖砌体上，由它保护的建筑可以变得更加宜居，而且还能保护古建筑外观在维修工程中不被破坏。这种新型气凝胶基石膏来自 Empa，它具有良好的水蒸气渗透性，可以防止

霉菌对墙体的侵蚀。它的涂层导热率小于 30m 瓦 / 毫克，被它保护的
建筑犹如有了隔温层，能有效减少能量散失，可以节省不少电以及燃
气（图 5-26）。

图 5-26　气凝胶基石膏

（5）再生木材

它是一种被剥离某种化学成分的薄板。当木质素被剥离之后，木
板变成了漂亮的白色，但是还不透明，于是又和聚甲基丙烯酸甲酯混
合，改变了混合材料的折射率，最终出现了半透明的效果（图 5-27）。

（6）吸音牛仔布

在过去 40 年间，纺织工业的生产链已经发展成废物及污染的主要
来源。如今，纺织品废弃物和设计创新之间的矛盾为人们提出了一个
有趣的挑战：将纺织品废物转变为一种新的可持续材料，利用回收再
生技术，将牛仔布纤维转变为一种轻质吸音板材料再次应用到我们的
生活中。这种制造工艺可以将回收的织物纤维转变为可模块化扩展部
件，这些部件可以作为空间分隔结构安装在建筑内，根据客户的需求，
在房间内形成空间细分或新的房间（图 5-28）。

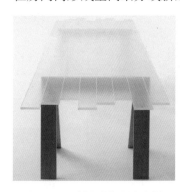
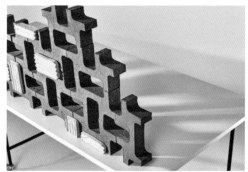

图 5-27　半透明的再生木材　　图 5-28　这种新型材料具有高强度和石材般的
　　　　　　　　　　　　　　　　　　　　美感，且又不失织物的温暖和柔软感

（7）水陶瓷

"水陶瓷"由水凝胶气泡组成，在水中可溶胀到原先体积的400倍。根据这种性质，这种球吸收的液体，将会在炎热的天气蒸发到周围空气中，从而起到降温的作用（图5-29）。

图5-29　可代替空间的墙壁

5.2.2　色彩表现

色彩在空间艺术中具有十分重要的美学价值。色彩不仅能发挥自身的表现力，还能够强化、调节、组织形体乃至表现形体的空间效果，我们称之为建筑色彩的空间表现效果，人们在生活实践中发现形体显现和色彩显现在光的作用下具有某种自然联系，因而在很多情况下色彩可以弥补形象设计上的一些先天不足，达到单纯形象设计不能达到的效果。

1. 色彩的空间表现

色彩的空间表现内容可以非常丰富。约翰内斯·伊顿在他的杰出著作《色彩艺术》中有这样一段话："在比较典型的巴洛克建筑中，静止的空间被归结为带有运动节奏的空间，色彩也被纳入同样的用途，它不是用来表现客观物体，而是用作韵律连接的一种抽象手段。说到底，色彩是用来帮助创造深度幻觉的。"中国古建筑的白色台基、大红柱子、黄色琉璃和青绿点金的梁栋彩画形体轮廓，便是因为色彩的这个因素带来建筑空间形式灵空、升腾、舒展的深度视觉效果（图5-30）。

2. 色彩的意境表现

国学大师王国维[14]在《人间词话》（三）中写道："有我之境，以我观物，故物皆著我之色彩。"这就是说，当人身处某个空间环境时，

[14] 王国维早年追求新学，接受资产阶级改良主义思想的影响，把西方哲学、美学思想与中国古典哲学、美学相融合，研究哲学与美学，形成了独特的美学思想体系。

图 5-30　松赞林寺

必然以情感的眼光来感受，空间环境中的事物以"我"的思想存在，对空间感受的主体是"人"。在正常情况下，人对空间环境色彩的潜意识存在普遍认知性，这种认知经验源于对大自然的认识。例如，绿色传达春天到来的信息，这是大自然在转换空间时给人的客观感受，在人的生活经验形成的潜意识里，绿色代表生机盎然，具有生动、激进等象征语义。在塑造特定空间环境时，可以利用人对色彩认识的普遍性原理，通过对色彩语义的把握和经营达到"情与景汇，意与象通"（图 5-31）。

图 5-31　手绘彩色瓷砖给白色空间引入了加州的阳光与海风的联想元素

在建筑内外部空间设计中，常常利用色彩联想引发的色彩感受来营造空间，激发观者和使用者的心理感知，引起共鸣（图5-32）。这种通过色彩设计达到对空间的某种联想，已成为空间设计不可替代的重要设计语言（图5-33）。

图 5-32　酒店庭院令人愉悦的色彩表现

图 5-33　色彩上采用了明亮的黄色（储物区）、鲜艳的红色（睡眠区）以及深沉的黑色（厨房区）来作为功能的区分。这些色彩也给室内空间带来了活力（小公寓）

5.2.3   光影表现

"光是一切视觉艺术的灵魂，建筑空间也是一样，建筑有了光，空间才能有力量。"[15] 自然光是太阳辐射经过大气层的吸收、反射、散射等综合作用到达地面的光。它是建筑本体之外的自然要素之一。空间在光影中借助建筑实体要素介质得以浮现。光影在生活世界中和建筑空间中对知觉和体验的影响令人难以忘怀。阳光下产生的强烈光影对建筑的形体和空间塑造起着决定性作用，光线通过建筑的材料、质感、虚实、透明度、荧光度、反射度等特质使物体得以成为物体，使空间成为空间。光影将空间和形式联系起来成为设计中塑造实体与空间的"材料"，光影通过介质赋予空间以生命。

梅洛·庞蒂[16] 在《知觉现象学》中讲述了身体、被感知的世界、空间和时间性这几个与建筑现象学关系较为密切的主题，这些主题也是霍尔和帕拉斯玛等在空间领域仔细研讨的。他们试图解决主观与客观统一的空间、时间和世界，他们认为，主观与客观的结合点就是人们的知觉和体验之所在。梅洛·庞蒂用身体和知觉解决了主体与客体、主观与客观的统一问题。在令人难以忘怀的建筑体验中，光影、时间、空间和物体融合成一个整体。光线、阴影、肌理、质感和色彩通过人体全部知觉综合为一个完整的、保持在记忆中的独特体验。在这样的体验中，那种寂静、沉思冥想和持久永恒的感觉沉淀在人的记忆和身体中。光影对知觉和体验的影响，深刻且令人难以忘怀，它是建筑和空间为人们所呈现的朴素而又深沉的现象，光影的存在是一种强烈的形而上学的呈现。

在西方，对光的神秘美的体验与追求成了不同文化中宗教建筑着意表达的重要内容。古埃及金字塔被理解为太阳神的神秘光束，塔光是神秘之光的放射源，塔身则是由上而下的光束，其庞大宁静的形体，表达了对光这一巨大神秘力量的敬畏与礼赞；古希腊神庙的中轴线对准了太阳运行的轨迹，正面朝东，以使殿堂内的神像能沐浴到清晰的阳光；罗马万神庙穹顶圆洞中射入的光线单纯、清晰、有力，表达了西方人明快的审美取向；哥特教堂中经过彩色玻璃筛选、折射后的光线穿过精细玲珑的骨架，自由地从上空洒落，与地面部分的昏暗形成对比。黑暗促使人们对光的渴望，促使人们产生对天国的向往，而这种景仰、敬畏的心情又被结构的巨大尺度和升腾之势，以及在光线下显现出的明暗对比的急促节奏提升到了一个无以复加的程度。

在东方，光不具有单独的象征意义，而是隐没在自然中，成为组成天、地、宇宙的一部分。以一种平和的、人性化的方式介入建筑中，光并不充当主角，但是光却能渲染空间，给空间增加情趣。个体建筑中

[15] 路易斯·康（Louis Isadore Kahn）："设计空间就是设计光亮。"

[16] 梅洛·庞蒂 (Maurice Merleau-Ponty)，法国著名哲学家，存在主义的代表人物，知觉现象学的创始人。

屋顶开瓦窗，让小巧玲珑的光斑透入，丰富活泼了空间。建筑群体采用院落相套的布局，以符号性的"院"完成自然与人的共融。如中国的古建筑大多檐部较深，与屋面和墙面构成鲜明的光影效果。在传统建筑和园林建筑中，随处可见古代建筑师处理自然光的各种匠心和技法。

1. 光影形成视觉焦点

视觉焦点，即把观众的注意力集中到我们必须关注的地方，通过光线强化空间的主题，把设计者想要表达的内容通过光线的强弱引入人们的视线，达到强化精神主题的作用。利用人眼的向光性特点将活动的焦点处理成空间中一个极强的、对视觉具有冲击力的明亮中心，可丰富空间的活动画面，强烈地吸引人的视线。人的注意力总是本能地被视野中亮度比较大的部分所吸引，因而在空间设计中，我们常常会用鲜艳的颜色或形体的变化形成视觉趣味中心，以吸引我们的目光，使光线的视觉引导作用更加强烈，因为我们的视觉总会被空间中最亮的区域所吸引。物体在光线的照射下，会更加吸引我们的目光，物体的影像会更清晰，材质会更富有表现力，色彩会更饱和、鲜艳，环境会更富有感染力。

2. 光影揭示空间的材质属性

光在建筑空间中的意义不仅仅体现为照亮、看清空间材质属性的特点，它可以对空间的材质属性起到强化和突出的作用。光是一种材料，能揭示或改变构成实体空间各种材料的肌理、表情，从而影响空间的表情。粗糙的毛石、光滑的玻璃、柔和的木质、流动的水体都可以通过光加以表现和修饰，材质肌理的变化可以丰富空间，展示其性格。因为物体表面的材料总是反射着光或被光照射着，如金属板对光的反映就非常敏感，它随着光源的变化而变化，并对周围环境做出淋漓的反映。古根海姆博物馆其外表材质就运用了特殊的金属板，在不同光源的情况下，呈现出不同的光的质感和颜色的变化，金属的反射与映射、眩光与泛光交会夹杂在一起，给人虚幻、缭乱及迷离的超现实的戏剧效果。

3. 光影塑造空间的深度感和层次感

良好的光照设计，可以强化空间的知觉深度和层次，反之，会使空间失去深度感。一个空间的形成需要物体的大小、前后、高低等变化展现其空间形态，并通过光线深浅、明暗、节奏的变化传递给我们的眼睛，这样我们才能感受到空间中物体亮度、色彩、肌理的梯度变化，这些都对知觉深度起着重要的作用，其中，光作用的亮度梯度是关键因素。当光线从空间中的某一方向投射过来时，显出平缓的线形梯度渐渐变暗，渐变的亮度被人感知空间的深度，强化了物体构成的空间深度；当光的投射方向、角度、色彩变化时，亮度起了变化，空间的深度感也随之发生变化；当亮度梯度时断时续时，则会产生深度方向的跳跃；如果光线充斥了空间的每一个角落，那么空间也就失去了明暗梯度的变化，空间就会失去深度感。

4. 光影形成空间序列感

光影的空间序列以明暗亮度差异以及面积的大小来营造，光的节奏及序列可以通过空间的转折、高低、进深来进行强化，意在组织一个虚实相间、主次分明、明暗层次强的序列空间，通过光影的明暗对比、影调的重复等方式把抑扬顿挫表达出来，光还可以在同一空间中形成多层次序列，使人在行进中感受到空间的变化。

5.3　推荐阅读

书名：《建筑元素》/ *Elements of Architecture*
作者：雷姆·库哈斯（Rem Koolhaas）
内容简介：

"建筑元素"着眼于建筑师使用的基本要素，将建筑化简为地板、天花、屋顶、门、墙面、楼梯、厕所、窗户、立面、阳台、走廊、壁炉、坡道、自动扶梯、电梯这 15 个构成，并为其一一配置独立展览空间。

4 年后，这一广受关注的展览衍生、扩展为库哈斯同名新书《建筑的元素》(*Elements of Architecture*)，以此介入并回应当代国际建筑实践的基本形制。

书名：《光·建筑》/ *Light ING Design*
作者：日本照明协会
内容简介：

300 个以上世界知名建筑 / 空间设计师的照明设计赏析。

不管是空间主题性的强调，抑或是增添空间的视觉美感与特殊气氛、人群的行为活动等，灯光照明扮演了画龙点睛的关键角色，让光线看起来更美好、更灿烂、更巨大。借由灯光照明师的设计巧思在空间中精彩演出，形塑出建筑与空间的多样化表情。

书名：《建筑空间中的色彩与交流》/ *Color-Communication in Architectural Space*
作者：梅尔文 / 罗德克 / 曼克
内容简介：

《建筑空间中的色彩与交流》是首次出版于 1998 年的德文书籍的修订版。这个修订版更加强调了色彩在建筑空间中的交流价值，而且非常关注生理学、心理学和神经心理学方面的内容，以及与人体工学的关系。

　　空间设计的训练阶段，其重点在于对学生空间思维想象力和逻辑性的训练与培养，就其根本而言是一种素质和能力的锻炼，它具有开放性和广泛的适用性。通过模型制作与空间建构，有助于形成"认知—再现—创造"空间的逻辑链，并成为后续各类空间训练的开端。

6.1　实训任务描述

　　课程以"建筑：空间、形式、秩序"为主题，循序渐进地设置了空间认知、方法探索、专题研究 3 个训练模块。每个模块以特定的设计课题为载体，引导学生重点关注空间设计中相对单一的基本要素，并将各模块的相关要素串联起来。题目设定以空间组织的复杂程度为度量并加以递进；空间训练从认知到理解，从分析到创造；空间类型由简单到复杂，由单一到复合。

　　（1）空间认知阶段

　　本阶段的训练要点在于培养学生对空间的认识与体验能力，包括基本技能的训练。要求学生通过实地考察调研，解析现实生活中的空间现象，并用专业图示语言进行解析。

　　（2）再现空间阶段

　　本阶段的训练要点主要为单一空间限定，重点关注单一空间的划分与限定，强调学生对空间概念的理解，熟悉空间限定的相关手法并掌握简单的形式设计。

　　（3）创造空间阶段

　　本阶段通过实体模型和具体课题的设定进行空间组合和专题设计，重点关注学生创造性思维的引导。

6.2　设计任务书

6.2.1　认知空间/线描形式侧重培养手绘思考能力以及尺度感

设计要求：

（1）寻找 5 个不同空间限定（组合）的方式。

（2）以线描方式记录场所。

（3）以图解方式分析空间特点（空间的形成、构成要素、特点、组合方式、色彩、材质、秩序等）。

（4）以简单的空间柱网或墙体尺寸测绘增强对尺度的感知。

文本排版包括：

（1）现场场景线描（多个角度）。

（2）分析解读（以一定比例）。

（3）归纳空间形成方式、空间特征及构成要素。

时间：1周

6.2.2 再现空间 / 单一空间的限定与围合，注重分析思考与空间操作

课题一：方体限定与框架的简单围合

通过对方体空间划分、围合，训练空间划分的手法，理解不同空间界面对空间围合的作用，重点关注单一空间的划分与限定，强调对空间概念的理解，熟悉空间限定的相关手法，总结不同空间界面对空间围合的作用。

设计要求：

（1）作业空间：450mm×250mm 的方形基地（白色 KT 板）。

（2）材料：用卡纸板和其他材料制作。

（3）单元形为方形（200mm×100mm）×4，高：50mm。

（4）4 个单元空间分别用不同方式做空间限定（充分利用线要素）。

（5）单色模型，照片 10 张，节点放大（自然光、辅助光）。

（6）4 组照片（空间不同观察角度），不少于 20 张。

时间：1周

课题二：改变空间

结合模块一训练对空间的认知，研究单一空间单元，观察基本线、面、体的组合形式及空间的围合方式。以上述预设的空间单元为基本框形，要求学生分析整体框架的空间限定特征，总结不同空间界面对空间围合的作用，并通过对维护结构的去除、替换、后退等操作，体会空间细部处理手法。

设计要求：

基于课题一中分析的 4 个单元空间，通过表皮重构改变空间形态与主题；对维护结构的去除、替换、后退；运用视错觉、绘画印刷图案、肌理、界面连续等设计方式改变空间形态；增加 1 个要素，试图改变空间形态。

时间：1周

6.2.3 创造空间

课题一：空间组合设计 / 多空间的复杂组合

充分运用点、线、面塑造空间，至少包含两种空间组合关系特征。

设计要求：

（1）草图：主题拟定、空间构图、元素提取（单元形、文化符号、设计意象等）、空间组合方式、空间之间的基本关系、限定空间的形式要素。

（2）模型：材质表现形式不限

（3）作业空间：450mm×450mm（白色 KT 板）。

电子版面包括：

（1）草图、分析、图示、过程、结果的记录。

（2）用文字简要说明。

（3）照片不少于 10 张（一张主图放大）。

时间：1 周

课题二：有屋面的独立空间设计 / 简单空间的功能、结构、形式及造型设计

制作一个有屋顶的空间，重点为屋面空间形式与结构及其竖向限定要素的形式与结构。不需要设定具体功能，拟定一个主题，可以假设是小型户外展示空间、茶室，也可以是小型画廊，或景观亭、售卖处等，不需要具体划分内部功能空间，主要探讨空间形式。

设计要求：

（1）屋顶投影面积为 100m²，可以为 10m×10m 或 14m×7m。

（2）模型制作比例为 1:20，模型大小为 0.5m×0.5m 或 0.7m×0.35m。

（3）屋面：纸（纸卷、纸棍、纸板、各种材质厚薄的纸都可以）或 KT 板；板、木材、透明板等。

（4）竖向限定要素：木棍、纸棍等，充分考虑不同表皮肌理。

（5）模型色彩不超过三套色。

（6）照片不少于 10 张（一张主图放大）。

时间：1 周

6.3　设计任务分析

6.3.1　空间设计系列训练（认知空间、再现空间、改变空间）

主要考查学生对空间的理解和认知能力，以及观察与分析能力。其重点、难点在于从现实生活中抽象空间本质，并运用指定的手法改

变空间。

6.3.2 创造空间

主要考查学生的创造能力。重点、难点在于学生对空间组合方式的理解，并运用空间理论知识和空间设计手法进行空间设计方案的创造及版面设计。

6.3.3 考核标准

（1）独立作品的完整性与制作的精确性作为客观的主要考核标准。
（2）空间表达的明确意愿与作品创意的新颖特色作为主观的判断标准。

6.4 学生作品简析

6.4.1 认知空间

校园建筑空间分析（内部空间、外部空间）

6.4.2 方体限定与框架的简单围合

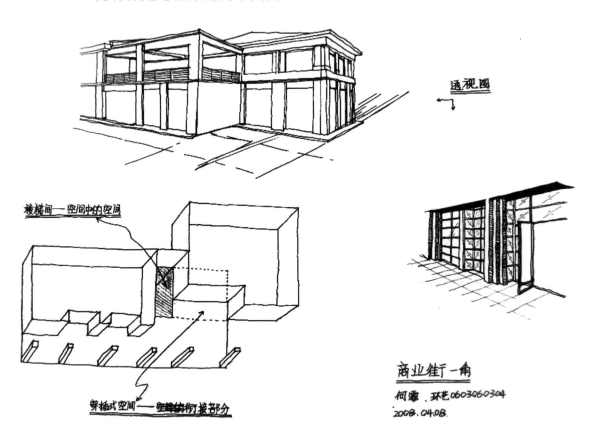

图 6-1 认知空间作品

图 6-2　认知空间作品

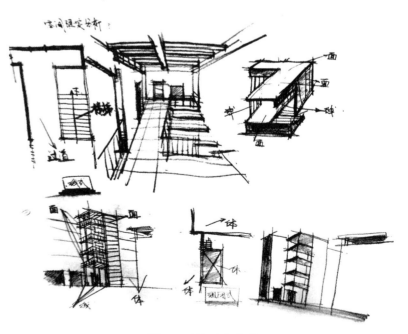

图 6-3　认知空间作品

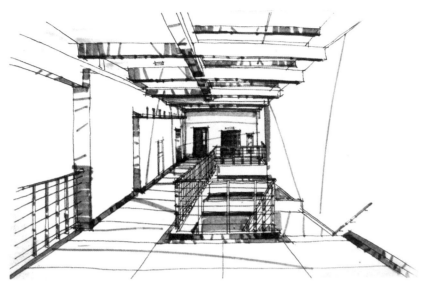

图 6-4 认知空间作品

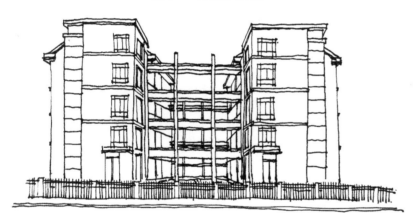

图 6-5 认知空间作品

图 6-6 认知空间作品

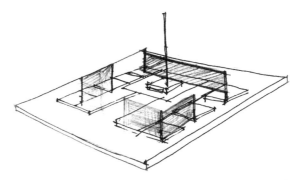

图 6-7 认知空间作品

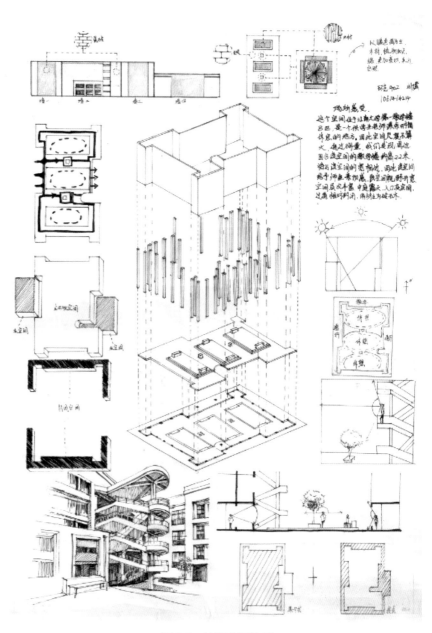

图 6-8 认知空间作品

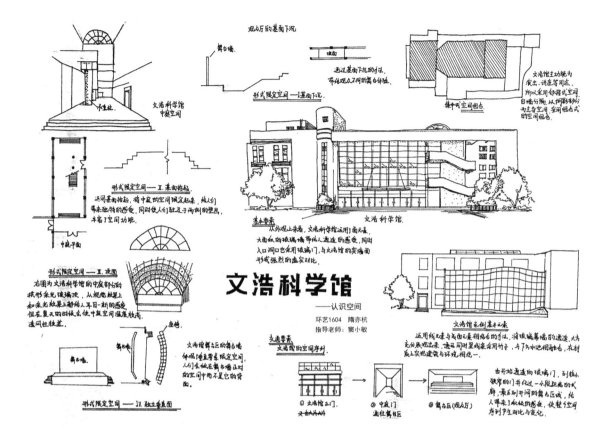

图 6-9　认知空间作品

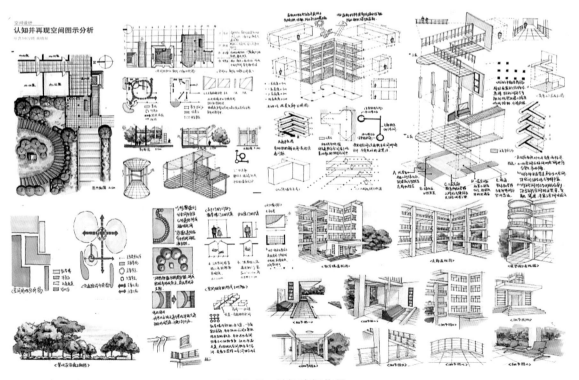

图 6-10　认知空间作品

以下图例为江南大学设计学院环境设计系 2018 级学生"空间设计"课程部分作业。（图 6-11~ 图 6-17，姜一涵作品）

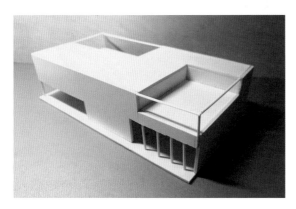

图 6-11　2018 级学生作品

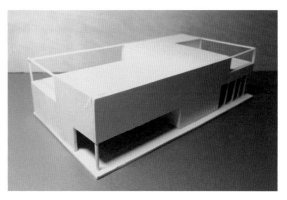

图 6-12　2018 级学生作品

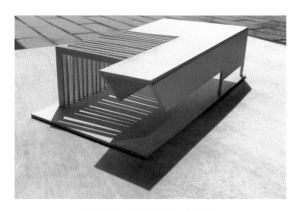

图 6-13　2018 级学生作品

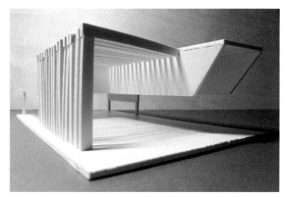

图 6-14　2018 级学生作品

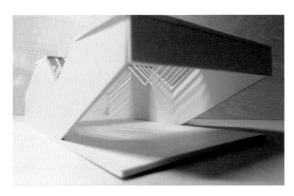

图 6-15　2018 级学生作品

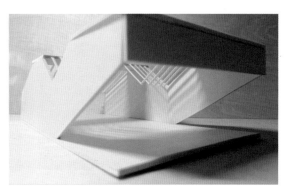

图 6-16　2018 级学生作品

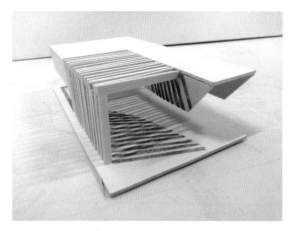

图 6-17 2018 级学生作品

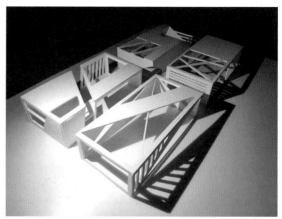

图 6-18 2018 级学生作品

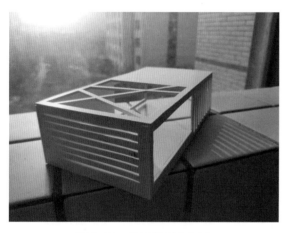

图 6-19 2018 级学生作品

图 6-20 2018 级学生作品

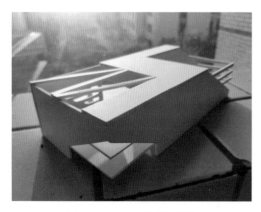

图 6-21 2018 级学生作品

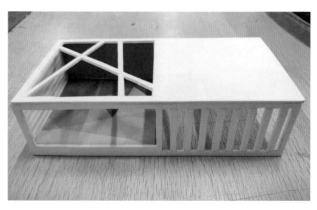

图 6-22 2018 级学生作品

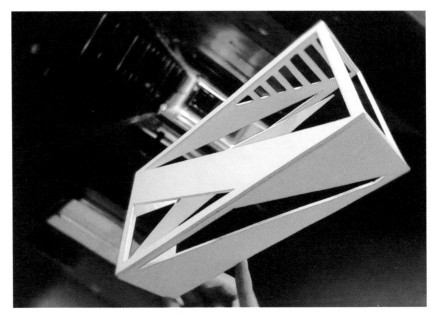

图 6-23 2018 级学生作品

图 6-24 2018 级学生作品

图 6-25 2018 级学生作品

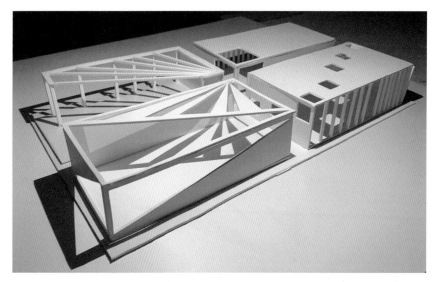

图 6-26　2018 级学生作品

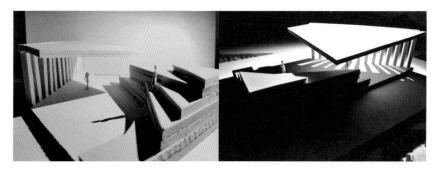

图 6-27　2018 级学生作品

图 6-28　2018 级学生作品

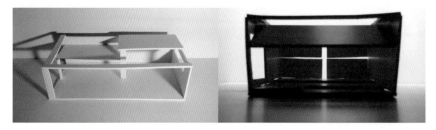

图 6-29　2018 级学生作品

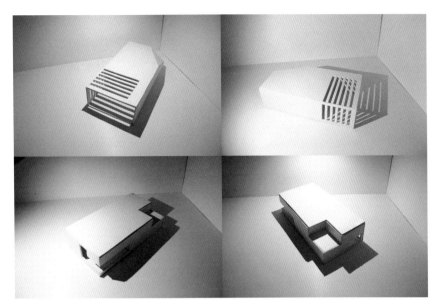

图 6-30　2018 级学生作品

6.4.3　空间组合设计

1. 组合

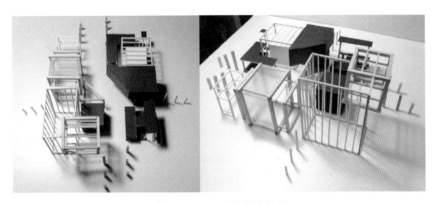

图 6-31　2013 级学生作品

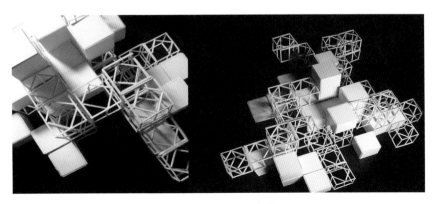

图 6-32　2013 级学生作品

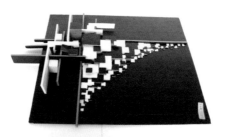

图 6-33 2013 级学生作品

图 6-34 2013 级学生作品

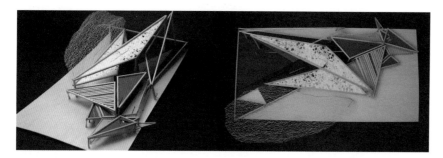

图 6-35 2018 级学生作品

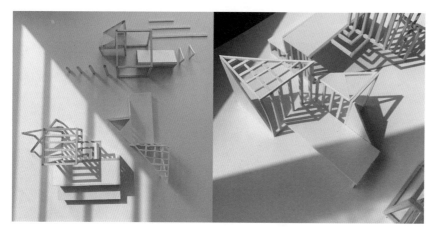

图 6-36 2018 级学生作品

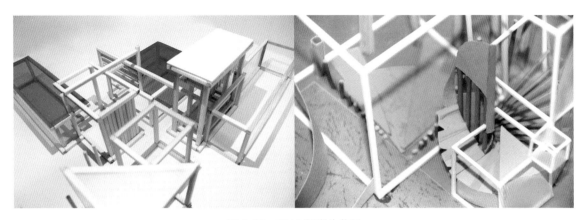

图 6-37 2018 级学生作品

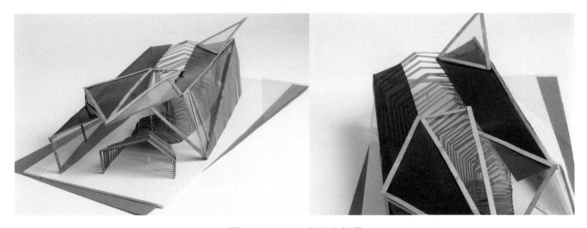

图 6-38 2018 级学生作品

图 6-39 2018 级学生作品

2. 解构

空间设计·创造空间

指导老师：窦小敏
李若曦 · EPII1401 · 1060114111

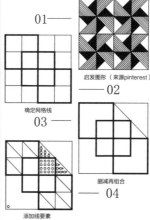

01 ——

启发图形（来源pinterest）

—— 02

03 ——

确定网格线

删减再组合

—— 04

添加线要素

· 用疏密/高低不同的线要素（木棍）限定了三角型区域

1

· 棉线的一端附在竖直立柱上，另一端附在水平横柱上形成了一个不规则曲面，同时棉线在不同光照投射下产生的光影效果也不同，增加了空间的趣味性（图1）

2

3

· 线要素组成的虚面，旨在限定立面的同时增强空间穿透感（图2、图3）

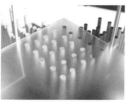

· 磨砂亚克力板做覆盖，与木棍限定的空间构成穿插关系

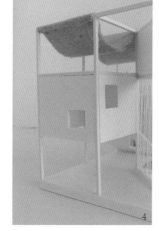

4

5

· 立面上开有正方形和三角形的洞，并在其他立面上有所对应和体现（图4、图5）

· 模型一角采取留白的形式，仅用一根木棍与另一端对应

2015/12/9

图 6-40　2014 级学生作品

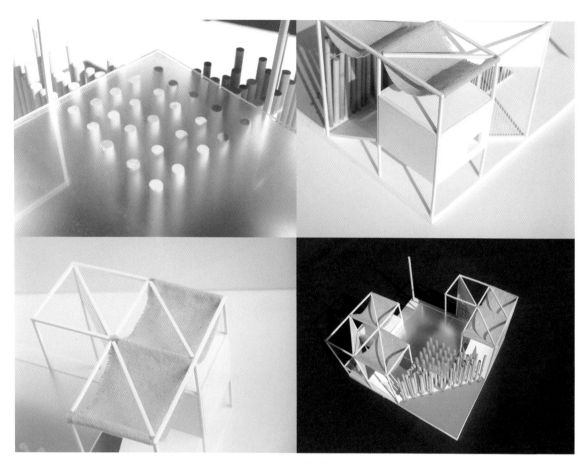

图 6-41　2014 级学生作品

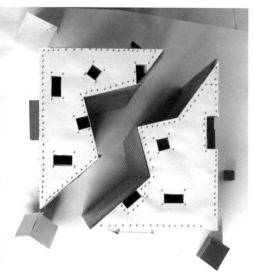

图 6-42　2014 级学生作品

3. 主题

图 6-43　2014 级学生作品

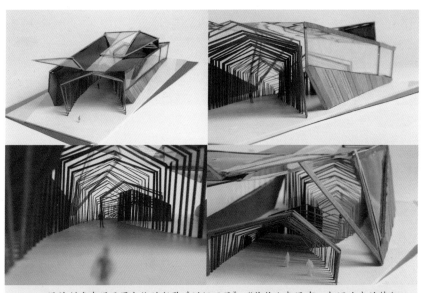

　　设计创意来源于周杰伦的新歌《说好不哭》，"你什么都没有，却还为我的梦加油"，这种情感存在于家人、爱人、朋友之间，再想到自己经历的离别，于是就想用空间来传递这样的想法。在"送别"中，一个延伸的小空间由大到小再到大，人站在原地目送着他人远去，身影渐渐模糊，直到看不清晰。虽说是"送别"，但仍给予最大的祝福，就如顶面上方似纸飞机展开的翅膀，等远去的人走过中间那段压抑的路程，远方的路又渐渐明亮起来，这也是送别的意义。

图 6-44　2018 级学生作品

晨光中的纸飞机

设计说明：

　　《晨光中的纸飞机》主要表达的是对美好孩童时期的思念，简单的几何形态和单纯的颜色象征着孩童时期的纯洁无瑕。

　　晨光表示希望，黄色代表的就是希望，大片大片的柠檬黄给予画面跳跃感，让观看者感受到孩童的朝气；图中还有一处有一个小小的红色三角形，想要表达的是除了朝气、稚气、纯真之外，还有激情；而纸飞机象征的是对未来的展望，其基本元素就是三角形，用以表示纸飞机；图中除了有一些显而易见的三角形，还有一些"隐形"的三角形，它们是由不同的、已有的三角形组成，仔细观察就能发现。

　　它主要是采用了集中式的做法，所以在中部手法比较多样，外环单一，突出中部；另外，在中部运用了大小不一的明黄相互呼应，以产生连续性。

图 6-45　2014 级学生作品

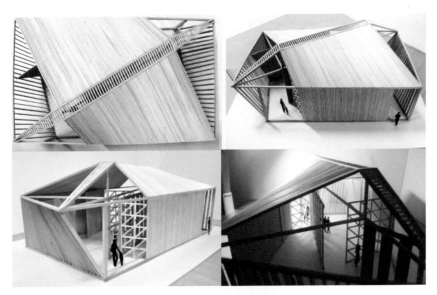

图 6-46　2014 级学生作品

图 6-47　2014 级学生作品

图 6-48　2014 级学生作品

第五届中国人居环境设计学年奖同步课程展——
《空间设计》

指导教师：过伟敏 吴恽 周林 窦小敏
参与班级：环艺 1801、环艺 1802、环艺 1803、环艺 1804

千年以前，《道德经》就揭示了空间和身体的关系，"埏埴以为器，当其无，有器之用。凿户牖以为室，当其无，有室之用。故有之以为利，无之以为用"。

千年以来，"身体、空间、时间"的关系并没有变化，因为好像本来就存在。20 世纪以来，"身体、空间、时间"的关系在变化，因为自现代建筑运动以来，对空间的认知就在不断变化中。

在课程实践中，同学们首先对"空间限定、结构、单元"等基本概念进行了学习和了解，并围绕"身体、空间、时间"三要素，就空间本体相关的各种问题，比如，"比例与尺度、中心与边缘、明与暗、围合与渗透、开放与封闭……"用模型方式展开了实践探讨。在此基础上，挑选空间本体相关的问题中自己感兴趣的点，和现实社会相关联，比如作品"笼"，是把空间中的"封闭"问题上升到主题，表现了各种"封闭"空间，体现了现代高密城市中的空间问题。

短短几周，在初涉"空间"的同学们的模型实践中所体现的那种多样性和差异性，我想，这正是现在提倡的创造性之所在。

——吴恽、窦小敏

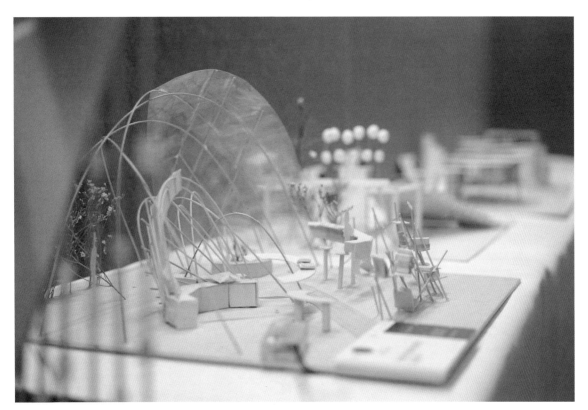

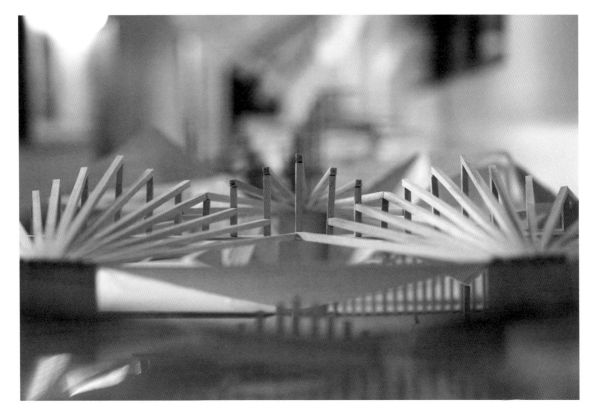

后　记

　　本书在编写过程中得到了许多老师与友人的帮助。感谢江南大学设计学院博士生导师辛向阳教授及江南大学设计学院教学督导陈新华教授在百忙之中为本书作序。感谢给予无私帮助的过伟敏老师、代福平老师、张希晨老师、王晔老师、周林老师和吴恽老师。本书在编写过程中参阅了一些国内外公开出版的书籍及中国知网收录的文献，在此向相关著作者表示衷心的感谢！本书采用了部分网站的图片资源，由于条件有限无法与您及时联系，在此表示衷心的感谢！本书的出版得到清华大学出版社纪海鸿老师的鼓励、支持和帮助，在此表达衷心的感谢！

　　尽管编者已做了大量的努力，但疏漏和错误在所难免，敬请专家和广大读者指正并多提宝贵意见，以便今后进一步提高。

窦小敏

2020 年 3 月记于无锡

参考文献

书籍

1. （挪威）诺伯格·舒尔兹.存在·空间·建筑 [M].尹培桐，译.北京：中国建筑工业出版社，1990.

2. [美]马克·卡兰，[美]罗伯·弗莱明.空间设计基础 [M].姚达婷，译.北京：电子工业出版社，2019.

3. [英]布莱恩·劳森.空间的语言 [M].北京：中国建筑工业出版社，2003.

4. [意]布鲁诺·赛维，建筑空间论——如何品评建筑 [M].张似赞，译.北京：中国建筑工业出版社，2006.

5. [日]芦原义信.外部空间设计.第一版 [M].尹培桐，译.北京：中国建筑工业出版社，1985.

6. [意]曼弗雷多·塔夫里，弗朗切斯科·达尔科，现代建筑 [M].北京：中国建筑工业出版社，2000.

7. [英]特伦斯·霍克斯.结构主义和符号学 [M].瞿铁鹏，译.上海：译文出版社，1987.

8. [美]凯文·林奇.城市意象 [M].方益萍，何晓军，译.北京：华夏出版社，2001.

9. [日]小林克弘.建筑构成手法 [M].陈志华，译.北京：中国建筑工业出版社，2004.

10. [美]柯林·罗，弗瑞德·科特.拼贴城市 [M].童明，译.北京：中国建筑工业出版社，2003.

11. [英]弗兰克·惠特福德.包豪斯 [M].林鹤，译.上海：上海三联书店，2001.

12. [德]康德.判断力批判（上卷）[M].北京：商务印书馆，1996.

13. [德]黑格尔.美学（第三卷上）[M].朱光潜，译.北京：商务印书馆，1979.

14. [美]大卫·波德维尔，克里斯汀·汤普森.电影艺术:形式与风格 [M].曾伟祯，译.北京:世界图书出版公司，2008.

15. 吴良镛.广义建筑学 [M].北京：清华大学出版社，1989.

16. 尹定邦.设计学概论 [M].长沙：湖南科学技术出版社，2009.

17. 过伟敏，刘佳.基本空间设计 [M].武汉：华中科技大学出版社，2011.

18. 杨茂川.空间设计 [M].南昌：江西人民美术出版社，2009.

19. 程大锦.建筑：形式、空间和秩序 [M].天津：天津大学出版社，2005.

20. 彭一刚.建筑空间组合论 [M].北京：中国建筑工业出版社，1998.

21. 魏勇，李中华.空间设计原理 [M].武汉：华中师范大学出版社，2014.

22. 詹庆旋.建筑光环境 [M].北京：清华大学出版社，1988.

23. 冯雷.理解空间 [M].北京：中央编译出版社，2008.

24. 戴志中，蒋坷，卢昕，等.光与建筑 [M].济南：山东科学技术出版社，2004.

25. 吴国盛.追思自然 [M].沈阳：辽海出版社，1998.

26. 王夫之.王夫之著作选注 [M].长沙：湖南人民出版社，1979(1).

27. 宗白华.艺境 [M].北京：北京大学出版社，1987(1).

28. 周维权.中国古典园林史 [M].第 3 版.北京：清华大学出版社，2008.

29. 潘谷西.中国建筑史 [M].第 6 版.北京：中国建筑工业出版社，2009.

30. 朱雷.空间操作——现代建筑空间设计及教学研究的基础与反思 [M].南京：东南大学出版社，2010.

31. 王晓俊.西方现代园林设计 [M].南京：东南大学出版社，2000.

32. 詹和平.空间 [M].南京：东南大学出版社，2006.

33. 刘芳，苗阳.建筑空间设计 [M].上海：同济大学出版社，2001.

34. 顾大庆，柏庭卫.空间、建构与设计 [M].北京：中国建筑工业出版社，2011.

学位论文

1. 姚翔翔.现代空间教学中的课题设计研究 [D].南京艺术学院，2016.

2. 王晓磊.社会空间论 [D].华中科技大学，2010.

3. 刘珊.造型艺术空间论 [D].苏州大学，2010.

4. 崔鹏飞.空间设计基础教学研究 [D].中央美术学院，2010.

5. 邬烈炎.艺术设计学科的专业基础课程研究 [D].南京艺术学院，2001.

6. 江滨.环境艺术设计教学新模型及教学控制体系研究 [D].中国美术学院，2009.

7. 周庆.形式的生成——关于设计基础教学中的形式课题研 [D].南京艺术学院，2012.

8. 陈立.从精神容器到开放场域 [D].中央美术学院，2017.

9. 宋江超.跨界设计思维研究 [D].南昌大学，2014.

10. 张亦辅.戏剧与空间 [D].上海戏剧学院，2008.

11. 吉平.中国西部电影空间叙事研究 [D].西北大学，2019.

12. 伍颖明.建筑空间形式的秩序建构初探 [D].重庆大学，2005.

13. 张惠青.对自然光之于建筑空间的解读 [D].山东大学，2009.

14. 黄立萍.建筑环境中光与影之审美价值的探讨 [D].湖南大学，2005.

15. 付光美.光之语境与建筑空间 [D].东北师范大学，2008.

16. 侯丹青.江南园林建筑要素的当代解读 [D].北方工业大学，2010.

17. 王纬伟.建筑材料的视觉传达研究 [D].西南交通大学，2004.

期刊文章

1. 汪原.福柯及其"异托邦"对建筑学的启示 [J].建筑学报，2002(11)：62-64.

2. 浦欣成.事件与场所：建筑理论必须关注的视角 [J].同济大学学报（社会科学版），2000(S1)：7-9+19.

3. 李心峰.黑格尔的艺术本质观 [J].云南社会科学，1987(1)：87-92.

4. 朱永春.宗白华建筑美学思想初探 [J].建筑学报，2002(11)：44-45.

5. 卢永毅，段建强.同济大学建筑设计教学中的空间观念 [J].中国艺术，2019(2)：14-21.

6. 陈文波，肖笃宁，李秀珍.景观空间分析的特征和主要内容 [J].生态学报，2002(7).

7. 黑川纪章，梁鸿文.日本的灰调子文化 [J].世界建筑，1981(1).

8. 沈克宁.光影、介质、空间 [J].新建筑，2009(6)：30-33 .

9. 王淑华.景观空间浅议 [J].农业科技与信息（现代园林），2008(10)：23-25.

10. 刘长安，仝晖，魏琰琰.空间设计为主线的建筑学二年级教学实践与探索——以"方体限定与展览空间设计"为例 [J].高等建筑教育，2018，27(1)：101-105.

11. 王仲伟.建筑空间限定要素分析 [J].艺术与设计（理论），2008(10)：82-84.

12. 刘连杰.西方绘画写实观及其对中国画的误读 [J].学术交流，2015(6)：198-202.

13. 海阔，罗钥岫.电影叙事空间文化研究范式 [J].北京电影学院学报，2011(2)：67-72.

14. 朱力.基于设计学方法下的电影空间形态设计教学研究 [J].北京电影学院学报，2018(6)：159-164.

15. 朱逍荣.色彩与光线在空间环境设计中的视觉心理分析 [J].美与时代（中），2012(6)：93-94.

外文文献

1. Walter Gropius.Architecture at Harvard University [J].Architectural Record.

2. Siegfried Giedion.Space,Time and Architecture,the growth of a new tradition[M].The Harvard University Press,

1947.

3. Charles Knevitt.Space on Earth— Architecture：People and Buildings[M].London：Thames Methuen，1985.

电子文献

1. 建筑学院 . 心理空间 .[EB/OL].www.archcollege.com.
2. 博客中国 . 张祥前 . 物理空间和数学空间 .[EB/OL].（2019-05-17）[2020-02-04].
   http://net.blogchina.com/blog/article/578775704.
3. 百度文库 . 心理空间及建筑空间 .[EB/OL].
   https://wenku.baidu.com/view/2a048746640e52ea551810a6f524ccbff121cacd.html
4. 搜狐博客 . 他们将"环保"融进材料设计里，令人大开眼界 . [EB/OL].（2020.02.17）.
   https://www.sohu.com/a/373690840_658405

相关互联网资源

1. 谷德设计网：www.gooood.cn
2. 中国环境设计在线：www.dolcn.com
3. 中国知网：www.cnki.net
4. 万方数据知识服务平台：www.wanfangdata.com.cn
5. 辞海之家：www.cihai123.com
6. 百度百科：baike.baidu.com
7. 百度学术：xueshu.baidu.com
8. 有道翻译：fanyi.youdao.com
9. 豆瓣读书：book.douban.com
10. 尚杂志：www.shangzazhi.com
11. 故宫博物院网：www.dpm.org.cn
12. 中国美术馆网：www.namoc.org/
13. 梵蒂冈博物馆网：www.museivaticani.va/
14. 美秀美术馆官网：www.miho.or.jp
15. 上海当代艺术博物馆网：www.powerstationofart.com/cn
16. 清华大学美术学院网站：www.tsinghua.edu.cn
17. 中国美术学院网站：www.caa.edu.cn
18. 南京艺术学院网站：www.nua.edu.cn
19. 江南大学设计学院网站：sodcn.jiangnan.edu.cn

搜索引擎

1. 百度：www.baidu.com
2. 搜搜：www.soso.com
3. 谷歌：www.google.cn

图片来源

第一章

图 1-1　自摄
图 1-2　周林绘制

第二章

图 2-3、图 2-4、图 2-6、图 2-11、图 2-17、图 2-18、图 2-21、图 2-23、图 2-25，自摄

图 2-41、图 2-42 图 2-43，王晔摄

图 2-5 源自：https://www.dcfever.com/photosharing/view.php?id=477646

图 2-13、图 2-14 源自：www.archcollege.com

图 2-14 选自：潘谷西 . 江南理景艺术 [M]. 南京：东南大学出版社，2001：282-285.

图 2-31 源自：http://www.360doc.com/content/17/1010/13/32515458_693746949.shtml

图 2-38、图 2-39 源自：http://www.sohu.com/a/335908590_99917881

图 2-44、图 2-45 源自：http://news.chushan.com/index/article/id/108551

图 2-8 至图 2-10、图 2-12、图 2-15、图 2-16、图 2-19、图 2-21、图 2-22、图 2-26 至图 2-28、图 2-30、图 2-32 至图 2-37、图 2-47，源自：https://www.gooood.cn

第三章

图 3-4、图 3-12、图 3-13、图 3-16、图 3-17、图 3-25、图 3-26、图 3-31、图 3-32、图 3-39、图 3-40、图 3-41、图 3-54、图 3-69、图 3-71、图 3-75、图 3-78，自摄

图 3-2，自绘

图 3-6、图 3-7、图 3-11、图 3-51，王晔摄

图 3-8，张希晨摄

图 3-42 张基义摄

图 3-3 选自：李正 . 造园意匠 [M]. 北京：中国建筑工业出版社，2010-2.

图 3-5 源自：https://www.douban.com/note/721057581/

图 3-9 源自：http://www.szclp.com

图 3-10 源自：http://www.sagawa-artmuseum.or.jp

图 3-15 源自：https://you.ctrip.com/sight/kyoto430/13145-dianping-p4.html

图 3-19 选自：潘谷西 . 中国建筑史第六版 [M]. 北京：中国建筑工业出版社，2009-8.

图 3-20、图 3-21 源自：http://news-at.zhihu.com/story/9524074

图 3-22 源自：http://blog.sina.com.cn/s/blog_5f65adb30102yfiq.html

图 3-33 源自：https://www.sohu.com/a/239870526_200550

图 3-58 源自：http://v.jhcb.net/keji/qianyan/4428396.html

图 3-64 源自：https://www.sohu.com/a/239870526_200550

图 3-70 源自：http://www.miho.or.jp/architecture/gallery/

图 3-79 源自：https://www.archdaily.cn

图 3-88 源自：http://www.360doc.com/content/17/0719/09/23036362_672499366.shtml

图 3-23、图 3-34、图 3-35、图 3-43、图 3-60 至图 3-62、图 3-68、图 3-80 至图 3-83，选自：程大锦 . 建筑：形式、空间和秩序 [M]. 天津：天津大学出版社，2013-2.

图 3-14、图 3-27、图 3-28、图 3-29、图 3-36、图 3-38、图 3-44 至图 3-50、图 3-52、图 3-55 至图 3-57、图 3-59、图 3-65 至图 3-67、图 3-76、图 3-77，源自：https://www.gooood.cn

第四章

图 4-18、图 4-23、图 4-25、图 4-26、图 4-35、图 4-36、图 4-37、图 4-38，图 4-42、图 4-43、图 4-51、图 4-70、自摄

图 4-19，自绘

图 4-3、图 4-4，王晔摄

图 4-5 源自：https://www.meipian.cn/iyz6yjj?from=timeline

图 4-6 源自：http://blog.sina.com.cn/s/blog_618716a60100un8o.html

图 4-12 源自：https://www.archdaily.cn/

图 4-17 源自：https://www.jianshu.com/p/c80e0969f130

图 4-33 源自：https://www.ikea.cn

图 4-46 源自：https://bentographics.com/work/the-japan-times/ The Japan Times

图 4-47 源自：https://www.archdaily.cn

图 4-49 源自：https://dp.pconline.com.cn/sphoto/list_2186061.html

图 4-52 源自：http://blog.joylinkspace.com/roomroomtlczrszj.html

图 4-1、图 4-7 至图 4-11、图 4-15、图 4-31、图 4-32、图 4-41、图 4-48、图 4-53 至图 4-55、图 4-60 至图 4-62、图 4-64、图 4-66，源自：https://www.gooood.cn

图 4-13、图 4-14、图 4-16、图 4-21、图 4-22、图 4-24、图 4-27 至图 4-30、图 4-34、图 4-35、图 4-39、图 4-40、图 4-45、图 4-50、图 4-56 至图 4-59、图 4-63、图 4-65、图 4-67，选自：程大锦.建筑：形式、空间和秩序 [M].天津：天津大学出版社，2013-2.

第五章

图 5-19、图 5-30、图 5-32，自摄

图 5-1、图 5-2，源自：https://www.dpm.org.cn

图 5-3 图 5-4，源自：《西方绘画艺术图典》.上海：上海画报出版社.2010.

图 5-5 源自：http://www.sohu.com/a/140750969_479936

图 5-6 源自：www.namoc.org/ 中国美术馆 石元泰博「桂離宮」新装版

图 5-7 源自：https://www.douban.com/people/168256770/ 明珠美术馆

图 5-8 源自：http://www.sohu.com/a/217401577_163695

图 5-10 源自：http://www.shejipi.com/323771.html

图 5-11 至图 5-14，源自：http://www.sohu.com/a/131629777_409665

图 5-15 源自：http://www.powerstationofart.com/cn

图 5-18 源自：https://mp.weixin.qq.com/s/f5jWbQ-dDeTEEnT_kZoX4A

图 5-21 至图 5-29，源自：https://www.sohu.com/a/373690840_658405

图 5-16、图 5-17、图 5-20、图 5-31、图 5-33，源自：https://www.gooood.cn

第六章

图 6-1 至图 6-10 认知空间，学生作品
图 6-11 至图 6-30 方体限定与框架的简单围合，学生作品
图 6-31 至图 6-45 空间组合设计，学生作品
图 6-46 至图 6-48 有屋面的独立空间设计，学生作品